高职高专艺术设计类专业"十二五"规划教材

室内装饰材料

INTERIOR DECORATION MATERIALS

2 EDITION
第二版

蔡绍祥　主编

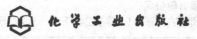

U0359663

化学工业出版社
·北京·

室内装饰材料是室内设计和环境艺术设计专业的基础课程。新编教材全面、系统地介绍了室内装饰材料中的塑料、建筑装饰石材、无机胶凝材料、织物、木制装饰材料、装饰玻璃、涂料、建筑陶瓷等几大材料的种类、性能、规格、特性和用途等，并引入绿色设计的概念。同时配合有大量彩色图片，方便教学和学生实训学习。针对本课程专业性较强、理论与实践并重的特点，本书在编写上将装饰材料与项目实训联系在一起，使学生在学习装饰材料各方面的性质和作用的同时，在模拟施工过程中得到锻炼。

本书适用作高职高专室内设计、环境艺术设计及其他相关专业的教学用书，也可供相关的从业人员培训参考使用。

图书在版编目（CIP）数据

室内装饰材料/蔡绍祥主编．—2版．—北京：化学工业出版社，2016.8（2025.1重印）
高职高专艺术设计类专业"十二五"规划教材
ISBN 978-7-122-27378-9

Ⅰ．①室…　Ⅱ．①蔡…　Ⅲ．①室内装饰-建筑材料-装饰材料-高等职业教育-教材　Ⅳ．①TU56

中国版本图书馆CIP数据核字（2016）第140179号

责任编辑：李彦玲　　　　　　　　　文字编辑：张绪瑞
责任校对：王素芹　　　　　　　　　装帧设计：王晓宇

出版发行：化学工业出版社（北京市东城区青年湖南街13号　邮政编码100011）
印　　装：涿州市般润文化传播有限公司
787mm×1092mm　1/16　印张9¹/₂　彩插1　字数243千字　2025年1月北京第2版第6次印刷

购书咨询：010-64518888　　　　　　　　　　　售后服务：010-64518899
网　　址：http://www.cip.com.cn
凡购买本书，如有缺损质量问题，本社销售中心负责调换。

定　价：38.00元　　　　　　　　　　　　　　　　版权所有　违者必究

图3-1　金花米黄

图3-2　大花白

图3-3　挪威红

图3-4　杭灰

图3-5　啡网纹

图3-6　大花绿

图3-7　板岩

图3-8　松香黄

图3-9　幻彩红

图3-10　枫叶红

图3-11　印度红

图3-12　黑金砂

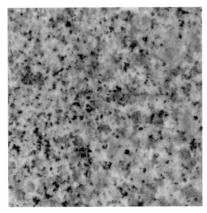
图 3-13 火烧板

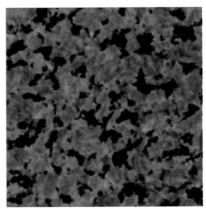
图 3-14 金麻

图 3-15 白麻

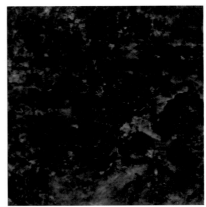
图 3-16 绿星

图 5-7 壁纸与墙布

图 5-4 美化生活环境

第二版前言

室内装饰材料是室内设计和环境艺术设计的专业基础课程。室内装饰的总体效果、设计思想都必须通过材料体现出来，而如何合理选用装饰材料，如何采用正确的施工方法完成施工任务，是从事室内装饰行业人员必须掌握了解的基本内容。新编版正是为学员提供了可行的学习模式和学习内容。新编版教材不仅沿用了已有知识内容，而且更加注重施工和施工流程以及材料图片的展示。

室内装饰行业是艺术与技术的总和，是以美学原理为依据，以各种装饰材料及工艺为基础，运用不断更新的材料组合、设计手段及施工技巧来实现的。室内装饰的处理与效果，有赖于高水平的艺术感知能力、精湛的技术，更有赖于广博的知识。近年来，我国房地产业高速发展，建筑装饰行业也进入了发展的黄金时期，尤其是对高品位建筑装饰的追求，要求对日新月异的装饰材料以及多学科的施工方法和技巧有更加深刻的理解和认识。为此，我们编写了本书，以满足相关专业院校师生和广大建筑装饰工程技术人员的需要。

本教材专业性较强，理论和实践并重，在编写上具有以下主要特点：以室内设计和环境艺术设计专业方向为重点，主要介绍室内装饰材料，并简要介绍新型装饰材料及其使用，同时引入绿色设计概念，力求内容全面、重点突出。本书共 11 章，系统介绍了室内装饰中主要材料的名称、品种、性能、规格、特性和应用等。在各章的编写中，不仅介绍了装饰材料各方面的性质和作用，同时将装饰材料教学与项目实训联系在一起，使学生在模拟施工过程中得到锻炼。尤其是教材最后一章，主要以项目教学的方式让学生完成教学作业，目的是偏向市场和实践，方便学生在就业时有较好的实践优势。新编版教材可以配合部分施工短片进行教学，也是现场观摩的实用指导教材。

本书由南通职业大学蔡绍祥担任主编，成都理工大学程良松任副主编。蔡绍祥编写第 1、2、4、5、11 章；南通职业大学刘琛编写第 3、8、10 章；程良松编写第 6、7、9 章；辽宁经济职业技术学院刘扉、沈阳大学孟晓雷参加了部分章节编写。

鉴于新编版教材所具有的特点，加上编者水平有限，书中疏漏之处在所难免，恳请读者批评指正。

编者

2016 年 5 月

目录
CONTENTS

第1章

概述

　　室内装饰材料是指用于建筑物内部墙面、天棚、柱面、地面等的罩面材料。严格地说，应当称为室内建筑装饰材料。现代室内装饰材料，不仅能改善室内的艺术环境，使人们得到美的享受，同时还兼有绝热、防潮、防火、吸声、隔音等多种功能，起着保护建筑物主体结构，延长其使用寿命以及满足某些特殊要求的作用，是现代建筑装饰不可缺少的一类材料。

1.1　室内装饰材料的种类

1.1.1　按材质分类

　　有塑料、金属、陶瓷、玻璃、木材、无机矿物、涂料、纺织品、石材等种类。

1.1.2　按功能分类

　　有吸声、隔热、防水、防潮、防火、防霉、耐酸碱、耐污染等种类。

1.1.3　按装饰部位分类

　　（1）天棚装饰材料　石膏板、铝板、矿棉吸音板、PVC板、铝塑天花板。
　　（2）地面装饰材料　木地板、复合木地板、地毯、地板砖、石塑地板等。
　　（3）外墙装饰材料　外墙砖、外墙涂料、外墙铝塑板。
　　（4）内墙装饰材料　内墙涂料、壁纸、壁毡、壁布、木制贴面板。

1.1.4　按基本材料分类

墙体材料，胶凝材料，集料，金属材料，木质装饰材料，建筑门窗，防水材料，保温、隔音、吸音材料，骨架材料，装饰织物材料，五金及水、电、照明材料。

1.1.5　按化学成分分类

根据材料的化学成分，可分为有机材料、无机材料和复合材料，见表1-1。

表1-1　材料分类

分　类			实　例
无机材料	金属材料	黑色金属	钢、铁及其合金，合金钢，不锈钢等
		有色金属	铝、铜、铝合金等
	非金属材料	天然石材	沙、石及石材制品
		烧土制品	黏土砖、瓦、陶瓷制品
		胶凝材料及制品	石灰、石膏及其制品，水泥及混凝土制品
		玻璃	普通平板玻璃，特质玻璃等
		无机纤维材料	玻璃纤维，矿物棉等
有机材料	植物材料		木材、竹材、植物纤维及制品
	沥青材料		煤沥青、石油沥青及制品等
	合成高分子材料		塑料、涂料、胶黏剂、合成橡胶等
复合材料	有机与无机非金属材料复合		聚合物混凝土、玻璃纤维增强塑料等
	金属与无机非金属材料复合		钢筋混凝土、钢纤维混凝土等
	金属与有机材料复合		PVC钢板、有机涂层铝合金板等

1.2　室内装饰材料的基本特征与装饰功能

1.2.1　基本特征

（1）颜色　材料的颜色决定于三个方面：材料的光谱反射；观看时射于材料上的光线的光谱组成；观看者眼睛的光谱敏感性。以上三个方面涉及物理学、生理学和心理学。但三者中，光线尤为重要，因为在没有光线的地方就看不出什么颜色。人的眼睛对颜色的辨认，由于某些生理上的原因，不可能两个人对同一个颜色感受到完全相同的印象。因此，要科学地测定颜色，应依靠物理方法，在各种分光光度计上进行。

（2）光泽　光泽是材料表面的一种特性，在评定材料的外观时，其重要性仅次于颜色。光线射到物体上，一部分被反射，一部分被吸收，如果物体是透明的，则一部分被物体透射。被反射的光线可集中在与光线的入射角相对称的角度中，这种反射称为镜面反射。被反射的光线也可分散在所有的各个方向中，称为漫反射。漫反射与上面讲过的颜色以及亮度有关，而镜面反射则是产生光泽的主要因素。光泽是有方向性的光线反射性质，它对形成于表面上的物体形象的清晰程度，亦即反射光线的强弱，起着决定性的作用。材料表面的光泽可用光电光泽计来测定。

（3）透明性　材料的透明性也是与光线有关的一种性质。既能透光又能透视的物体称为透明体。例如普通门窗玻璃大多是透明的，而磨砂玻璃和压花玻璃等则为中透明的。

（4）表面组织　由于材料所有的原料、组成、配合比、生产工艺及加工方法的不同，使表面组织具有多种多样的特征：有细致的或粗糙的，有平整或凹凸的，也有坚硬或疏松的等等。我们常要求装饰材料具有特定的表面组织，以达到一定的装饰效果。

（5）形状和尺寸　对于砖块、板材和卷材等装饰材料的形状和尺寸都有特定的要求和规格。除卷材的尺寸和形状可在使用时按需要剪裁和切割外，大多数装饰板材和砖块都有一定的形状和规格，如长方、正方、多角等几何形状，以便拼装成各种图案和花纹。

（6）平面花饰装饰　材料表面的天然花纹（如天然石材）、纹理（如木材）及人造的花纹图案（如壁纸、彩釉砖、地毯等）都有特定的要求以达到一定的装饰目的。

（7）立体造型　装饰材料的立体造型包括压花（如塑料发泡壁纸）、浮雕（如浮雕装饰板）、植绒、雕塑等多种形式，这些形式的装饰大大丰富了装饰的质感，提高了装饰效果。

（8）基本使用性　装饰材料还应具有一些基本性质，如一定强度、耐水性、抗火性、耐侵蚀等，以保证材料在一定条件下和一定时期内使用而不损坏。

1.2.2　装饰功能

（1）内墙装饰功能　内墙装饰的功能或目的是保护墙体、保证室内使用条件和使室内环境美观、整洁和舒适。墙体的保护一般有抹灰、油漆、贴面等。传统的抹灰能延长墙体使用年限，当室内相对湿度较高，墙面易被溅湿或需用水刷洗时，内墙需做隔气隔水层予以保护。

（2）天棚装饰功能　天棚可以说是内墙的一部分，但由于其所处位置不同，对材料的要求也不同，不仅要满足保护天棚及装饰目的，还需具有一定的防潮、耐脏、容重小等功能。

（3）地面装饰功能　地面装饰的目的可分为三方面：保护楼板及地坪，保证使用条件及起装饰作用。一切楼面、地面必须保证必要的强度、耐腐蚀、耐磕碰、表面平整光滑等基本使用条件。此外，一楼地面还要有防潮的性能，浴室、厨房等要有防水性能，其他住室地面要能防止擦洗地面等生活用水的渗漏。标准较高的地面还应考虑隔气声、隔撞击声、吸音、隔热保温以及富有弹性，使人感到舒适，不易疲劳等功能。地面装饰除了给室内造成艺术效果之外，由于人在上面行走活动，材料及其做法或颜色的不同将给人造成不同的感觉。

1.3　建筑装饰材料的基本性质

建筑装饰材料是建筑物内外装饰所用材料的总称。材料在使用过程中既承受一定的外力和自重，同时还会受到介质（如水、水蒸气、腐蚀性气体、流体等）的作用，以及各种物理化学作用，如温差、磨蚀等。因此，要求在工程设计与施工中能够正确选择和合理使用建筑装饰材料，必须熟悉和掌握建筑材料的基本知识。

1.3.1 材料的物理性质

（1）密度　材料在绝对密实状态下单位体积的质量，可写为

$$\rho=G/V$$

式中　ρ——材料的密度，g/cm^3 或 kg/m^3；

G——干燥材料的质量，g 或 kg；

V——材料在绝对密实状态下的体积，又称绝对体积，cm^3 或 m^3。

（2）堆积密度（或表观密度）　指材料在自然状态下单位体积的质量，可写为

$$\rho_0=G/V_0$$

式中　V_0——材料在自然状态下的体积，即根据材料的外形所测定的体积。对于松散材料，如沙子、石子等，体积 V_0 还包括颗粒间的空隙。

堆积密度 ρ_0 也可用 g/cm^3 表示，但工程上常用 kg/m^3 表示。

（3）紧密度与空隙率

① 紧密度　材料体积内固体物质所充实的程度，即材料绝对密实体积与自然状态下的体积之比，可写为

$$D_0=V/V_0$$

用 $V=G/\rho$、$V_0=G/\rho_0$ 代入得 $D_0=\rho_0/\rho$，即紧密度为表观密度与密度之比。紧密度以相对数值表示，或以百分率 $\rho_0/\rho\times100\%$ 表示。

② 空隙率　材料体积内空隙所占的比率，可写为

$$\rho_0=(V_0-V)/V_0=1-V/V_0=1-D_0$$

或

$$\rho_0=(1-\rho_0/\rho)\times100\%$$

材料的空隙率通常根据材料的密度与表观密度求得。空隙率的变化是一个很大的范围。岩石的空隙率通常在1%以下，而多孔材料如石膏、泡沫玻璃孔隙率高达85%以上。

空隙率及空隙构造与材料其他性质有极密切的关系，如表观密度、强度、耐冻性、透水性均以孔隙率的大小或孔隙的构造有关。

（4）吸水性与吸湿性

① 吸水性　材料在水中能吸收水分的性质。吸水性的大小可用"吸水率"表示。吸水率有重量吸水率和体积吸水率之分。

a.重量吸水率：重量吸水率是指材料所吸收水分的重量占材料干燥的百分数，其公式为

$$W_重=(G_湿-G_干)/G_干\times100\%$$

式中　$W_重$——材料的重量吸水率；

$G_湿$——材料吸水饱和后的重量，g；

$G_干$——材料烘干至恒重时的重量，g。

b.体积吸水率：体积吸水率是指材料体积内被水充实的程度，即材料吸收水分的体积占干

燥材料自然体积的百分数。可按下式计算

$$W_{体}=(G_{湿}-G_{干})/V_0\times100\%$$

一般情况下，孔隙率越大，吸水率越大。

② 吸湿性　材料在潮湿空气中吸收水分的性质。吸湿性的大小，用"含水率"表示。含水率是指材料含水重量占干重的百分数，其公式为

$$W_{含}=(G_{含}-G_{干})/G_{干}\times100\%$$

式中　$W_{含}$——材料含水率，%；

$G_{含}$——材料含水时的重量，g；

$G_{干}$——材料烘干至恒重时的重量，g。

一般情况下，气温愈低，相对湿度愈大，材料含水率也就愈大。

1.3.2　材料的力学性能及其物理性质

（1）强度　材料抵抗外力破坏的能力称为强度。材料所承受的外力主要有拉、压、弯、剪。而其抵抗这些外力破坏的能力分别为抗拉、抗压、抗弯、抗剪等强度。

（2）硬度　材料抵抗另一较硬物体压入其中的性能称为硬度。不同材料硬度测定方法不同。按刻划法，矿物硬度分为10级，称为莫氏硬度，其顺序为：① 滑石；② 石膏；③ 方解石；④ 萤石；⑤ 磷灰石；⑥ 正长石；⑦ 石英；⑧ 黄玉；⑨ 刚玉；⑩ 金刚石。用特制的莫氏笔可以测定一般脆性材料。一般情况下，硬度大的材料，耐磨性强，但不易加工。

（3）耐磨性　材料表面抵抗磨损的能力。如复合木地板中常用耐砂轮磨损时的"转"数表示耐磨性。如圣象地板耐磨性为22000转，而吉象为13000转。

（4）脆性　材料受冲击荷载或震动的作用后，无明显变形即遭破坏的性能称为脆性，如玻璃、天然石材、人造石材都属于这一类型的材料。

（5）空隙率　散粒状材料在一定的疏松堆放状态下，颗粒之间孔隙的体积占堆积体积的百分率，称为材料的孔隙率。

（6）吸水性　亲水性材料在水中吸收水分的能力称为材料的吸水性，材料的吸水性以吸水率来代表，吸水率有两种代表形式：质量吸水率和体积吸水率。

（7）耐水性　材料长期在水中浸泡并能维持原有强度的能力称为材料的耐水性。

（8）抗冻性　材料的抗冻性是材料在吸水饱和状态下，经过多次冻融循环并保持原有材料性能的能力。

（9）耐久性　是指材料在使用期间，能够抵抗环境中不利因素的作用而不会产生变质并能保持原有材料性能的能力，称为材料的耐久性。

（10）弹性与塑性　材料的弹性是指材料在外力作用下产生变形，当外力解除后能恢复为原来形状、大小的性质；材料的塑性是指材料在外力作用下产生非破坏性的变形，当外力解除后能恢复为原来形状、大小的性质。

（11）隔音性与吸音性　材料的隔音性是指材料阻止声波透射的能力，此类材料具有密度高、厚的特点，隔音性能好；材料的吸音性是指材料吸收声波的能力，此类材料在施工中，常采用在材料表面开较多孔的施工方式来增强材料的吸音性能。

1.4 室内装饰的基本要求与装饰材料的选择 ——

1.4.1 室内装饰的基本要求

室内装饰的艺术效果主要靠材料及做法的质感、线型及颜色三方面因素构成，也即常说的建筑物饰面的三要素，这也可以说是对装饰材料的基本要求。

（1）质感 任何饰面材料及其做法都将以不同的质地感觉表现出来。例如，结实或松软、细致或粗糙等。坚硬而表面光滑的材料如花岗石、大理石表现出严肃、有力量、整洁之感。富有弹性而松软的材料如地毯及纺织品则给人以柔顺、温暖、舒适之感。

（2）线型 一定的分格缝、凹凸线条也是构成立面装饰效果的因素。抹灰、刷石、天然石材、混凝土条板等设置分块、分格，除了为防止开裂以及满足施工需要外，也是装饰立面在比例、尺度感上的需要。

（3）颜色 装饰材料的颜色丰富多彩，特别是涂料一类饰面材料。改变建筑物的颜色通常要比改变其质感和线型容易得多。因此，颜色是构成各种材料装饰效果的一个重要因素。

1.4.2 装饰材料的选择

室内装饰的目的就是造就一个自然、和谐、舒适而整洁的环境，各种装饰材料的色彩、质感、触感、光泽等的正确选用，将极大地影响到室内环境。一般来说，室内装饰材料的选用应根据以下几方面综合考虑。

（1）建筑类别与装饰部位 建筑物有各式各样种类和不同功用，如会堂、医院、办公楼、餐厅、厨房、浴室、厕所等，装饰材料的选择则各有不同要求。

（2）地域和气候 装饰材料的选用常常与地域或气候有关，水泥地坪的水磨石、花阶砖的散热快，在寒冷地区采暖的房间里会引起长期生活在这种地面上的感觉太冷，从而有不舒适感，故应采用木地板、塑料地板、高分子合成纤维地毯，其热传导低，使人感觉暖和舒适。在炎热的南方，则应采用有冷感的材料。

（3）场地与空间 不同的场地与空间，要采用与人协调的装饰材料。空间宽大的会堂、影剧院等，装饰材料的表面组织可粗犷而坚硬，并有突出的立体感，可采用大线条的图案。室内宽敞的房间，也可采用深色调和较大图案，不使人有空旷感。

（4）标准与功能 装饰材料的选择还应考虑建筑物的标准与功能要求。例如，宾馆和饭店的建设有三星、四星、五星等等级别，要不同程度地显示其内部的豪华、富丽堂皇甚至于珠光宝气的奢侈气氛，采用的装饰材料也应分别对待。

（5）民族性 选择装饰材料时，要注意运用先进的材料与装饰技术，表现民族传统和地方特点。如装饰金箔和琉璃制品是我国特有的装饰材料，这些材料一般用于古建筑或纪念性建筑装饰，表现我国民族和文化的特色。

（6）经济性 从经济角度考虑装饰材料的选择，应有一个总体观念。即不但要考虑到一次投资，也应考虑到维修费用，且在关键问题上宁可加大投资，以延长使用年限，保证总体上的经济性。

1.5　施工预算定额与施工预算

1.5.1　施工预算定额

定额是国家主管部门颁布发行的用于规定完成建筑安装产品所需消耗的人力、物力和财力的数量标准。按定额的费用性质可以分为以下几种：

① 建筑工程预算定额。确定建筑装饰工程人工、材料、机械台班消耗的定额。

② 安装工程预算定额。确定设备安装、水电工程人工、材料和机械台班消耗的定额。

③ 费用定额。确定间接费用、法定利润、税金收取的定额。

建筑安装工程预算定额是建筑工程预算定额和安装工程预算定额的总称，简称预算定额。

1.5.2　施工预算

施工预算有以下两种。

① 施工图预算：是确定工程造价、对外签订工程合同、办理工程拨款和贷款、考核工程成本、办理竣工结算依据，也是工程招、投标过程中计算标底和投标报价的依据。

② 施工预算：是企业内部使用的确定施工企业各项成本支出、降低成本、结合施工预算定额编制的预算。

1.6　装饰材料的发展

1.6.1　外墙装饰由陶瓷面砖向外墙涂料发展

外墙面砖装饰墙面费用高，施工效率慢，墙体荷重大，装饰完毕颜色不易改变。外墙涂料价格较低，色彩丰富，用户可以自由选择，施工方便，所以涂料的用量会增加，使外墙面砖向外墙涂料转化。

1.6.2　内墙装饰壁纸开始广泛使用

塑料壁纸深受人们喜爱，但又一度被多彩喷涂、乳胶漆冲击，但壁纸行业推陈出新，新丝麻、仿纱、仿绸壁纸相继问市，受到消费者青睐，市场前景看好，一度受冷落的壁纸又迎来新的高潮。

1.6.3　室内铺地材料将由陶瓷地砖向地毯、木地板转变

近年来全国引进许多地砖生产线，地砖产量增加，北方已形成了铺地砖热。但在南方，

家庭居室用陶瓷地砖的热潮已过，地毯和木地板、竹地板正在升温，形成三足鼎立的局面。同时，这三种材料又各有发展趋向：陶瓷地砖向大规格、多花色、艺术化发展；地毯由单色向多色，由整块向小块拼铺方向发展；木质地板出现原木地板和复合地板竞争形势。

1.6.4　厨房和卫浴用品将是室内装饰材料重点开发的产品之一

随着人们室内装饰装修的完成和人们生活水平的提高，人们对于厨房用品的功能和美观适用也有了质的追求。厨房应有加热设备、排油烟通风设备、厨用电器和橱柜四大类。家庭卫生间的装饰，既是一种对环境美的追求，同时也是家庭文明程度的标志，卫生间用品从个人卫生发展到健身保健型。

1.6.5　国内装饰材料发展状况

建筑装饰装修材料一般是指主体结构工程完成后，进行室内外墙面、顶棚、地面的装饰、室内空间和室外环境美化处理所需要的材料，可满足一定使用要求的功能性材料。同时建筑装饰装修材料是集材料性质、工艺、造型设计、色彩、美学于一体的材料。也是品种门类繁多、更新周期最快、发展过程最为活跃、发展潜力最大的一类材料。它发展速度的快慢、品种的多少、质量的优劣、款式的新旧、配套水平的高低，决定着建筑物装饰档次的高低，对美化城乡建筑，改善人们居住环境和工作环境有着十分重要的意义。

第2章

塑料

塑料是指以树脂（或在加工过程中用单体直接聚合）为主要成分，以增塑剂、填充剂、润滑剂、着色剂等添加剂为辅助成分，在加工过程中能流动成型的材料。

2.1 塑料的分类与优缺点

2.1.1 塑料的分类

塑料可分别按使用特性、理化特性、加工方法和制品形态进行分类。

2.1.1.1 按使用特性分类

根据名种塑料不同的使用特性，通常将塑料分为通用塑料、工程塑料和特种塑料三种类型。

① 通用塑料　一般是指产量大、用途广、成型性好、价格便宜的塑料，如聚乙烯、聚丙烯、酚醛等。

② 工程塑料　一般指能承受一定外力作用，具有良好的力学性能和耐高、低温性能，尺寸稳定性较好，可以用作工程结构的塑料，如聚酰胺、聚砜等。

③ 特种塑料　一般是指具有特种功能，可用于航空、航天等特殊应用领域的塑料。如氟塑料和有机硅具有突出的耐高温、自润滑等特殊功用，增强塑料和泡沫塑料具有高强度、高缓冲性等特殊性能。

2.1.1.2 按理化特性分类

根据各种塑料不同的理化特性，可以把塑料分为热固性塑料和热塑性塑料两种类型。

（1）热固性塑料　热固性塑料是指在受热或其他条件下能固化或具有不溶（熔）特性的塑料，如酚醛塑料、环氧塑料等。热固性塑料又分甲醛交联型和其他交联型两种类型。甲醛交联型塑料包括酚醛塑料、氨基塑料（如脲-甲醛-三聚氰胺-甲醛等）。其他交联型塑料包括不饱和聚酯、环氧树脂、邻苯二甲二烯丙酯树脂等。

（2）热塑性塑料　热塑性塑料是指在特定温度范围内能反复加热软化和冷却硬化的塑料，如聚乙烯、聚四氟乙烯等。

2.1.1.3　按加工方法分类

根据各种塑料不同的成型方法，可以分为膜压、层压、注射、挤出、吹塑、浇铸塑料和反应注射塑料等多种类型。膜压塑料的加工性能与一般固性塑料的相类似；层压塑料是指浸有树脂的纤维织物，经叠合、热压而结合成为整体的材料；注射、挤出和吹塑多为物性和加工性能与一般热塑性塑料的相类似塑料；浇铸塑料是指能在无压或稍加压力的情况下，倾注于模具中能硬化成一定形状制品的液态树脂混合料，如MC尼龙等；反应注射塑料是用液态原材料，加压注入膜腔内，使其反应固化成一定形状制品的塑料，如聚氨酯等。

2.1.1.4　按制品的形态分类

按制品的形态可分为以下几种。

① 薄膜制品：主要用作壁纸、印刷饰面薄膜、防水材料及隔离层等。

② 薄板：装饰板材、门面板、铺地板、彩色有机玻璃等。

③ 异型板材：玻璃钢屋面板、内外墙板等。

④ 管材：主要用作给排水管道系统。

⑤ 异型管材：主要用作塑料门窗及楼梯扶手等。

⑥ 泡沫塑料：主要用作绝热材料。

⑦ 模制品：主要用作建筑五金、卫生洁具及管道配件。

⑧ 复合板材：主要用作墙体、屋面、吊顶材料。

⑨ 盒子结构：主要由塑料部件及装饰面层组合而成，用作卫生间、厨房或移动式房屋。

⑩ 溶液或乳液：主要用作胶黏剂、建筑涂料等。

2.1.2　塑料的优点与缺点

2.1.2.1　塑料的优点

① 加工特性好。塑料可以根据使用要求加工成多种形状的产品，且加工工艺简单，宜于采用机械化大规模生产。

② 质轻。塑料的密度在 $0.8 \sim 2.2\text{g/cm}^3$ 之间，一般只有钢的1/4～1/3，铝的1/2，混凝土的1/3，与木材相近。用于装饰装修工程，可以减轻施工强度和降低建筑物的自重。

③ 比强度大。塑料的比强度远高于水泥混凝土，接近甚至超过了钢材，属于一种轻质高强的材料。

④ 热导率小。塑料的热导率很小，约为金属的1/600～1/500。泡沫塑料的热导率只有 $0.02 \sim 0.046\text{W/}（\text{m·K}）$，约为金属的1/1500，水泥混凝土的1/40，普通黏土砖的1/20，是理想的绝热材料。

⑤ 化学稳定性好。塑料对一般的酸、碱、盐及油脂有较好的耐腐蚀性，比金属材料和一些无机材料好得多。特别适合做化工厂的门窗、地面、墙体等。

⑥ 电绝缘性好。一般塑料都是电的不良导体，其电绝缘性可与陶瓷、橡胶媲美。

⑦ 性能设计性好。可通过改变配方、加工工艺，制成具有各种特殊性能的工程材料。如高强的碳纤维复合材料，隔音、保温复合板材，密封材料，防水材料等。

⑧ 富有装饰性。塑料可以制成透明的制品，也可制成各种颜色的制品，而且色泽美观、耐久，还可用先进的印刷、压花、电镀及烫金技术制成具有各种图案、花型和表面立体感、金属感的制品。

2.1.2.2　塑料的缺点

（1）易老化　塑料制品的老化是指制品在阳光、空气、热及环境介质中如酸、碱、盐等作用下，分子结构产生递变，增塑剂等组分挥发，化合键产生断裂，从而带来力学性能变坏，甚至发生硬脆、破坏等现象。

（2）易燃　塑料不仅可燃，而且在燃烧时发烟量大，甚至产生有毒气体。但通过改进配方，如加入阻燃剂、无机填料等，也可制成自熄、难燃的甚至不燃的产品。不过其防火性能仍比无机材料差，在使用中应予以注意。在建筑物某些容易蔓延火焰的部位可考虑不使用塑料制品。

（3）耐热性差　塑料一般都具有受热变形，甚至产生分解的问题，在使用中要注意其限制温度。

（4）刚度小　塑料是一种黏弹性材料，弹性模量低，只有钢材的 1/20～1/10，且在荷载的长期作用下易产生蠕变，即随着时间的延续变形增大。而且温度愈高，变形增大愈快。因此，用作承重结构应慎重。

2.2　塑料的组成与特性

塑料按组成成分的多少，可分为单组分塑料和多组分塑料。单组分塑料仅含合成树脂，如"有机玻璃"就是由一种被称为聚甲基丙烯酸甲酯的合成树脂组成。多组分塑料除含有合成树脂外，还含有填充料、增塑剂、固化剂、着色剂、稳定剂及其他添加剂。建筑装饰上常用的塑料制品一般都属于多组分塑料。

2.2.1　塑料的组成

塑料是以合成树脂为基本材料，再按一定比例加入填料、增塑剂、固化剂、着色剂及其他助剂等经加工而成的材料。

（1）合成树脂　合成树脂主要是由碳、氢和少量氧、氮、硫等原子以某种化学键结合而成的有机化合物。合成树脂是塑料的主要组成材料，其质量占塑料的 30%～60%，在塑料中起胶黏剂的作用，不仅能自身胶结，还能将其他材料牢固地胶结在一起。它决定塑料的硬化性质和工程性质。合成树脂按生成化学反应的不同，可分为聚合树脂（如聚氯乙烯、聚苯乙烯）和缩聚树脂（如酚醛树脂、环氧树脂、聚酯树脂等）；按受热时性能变化的不同，又可分为热塑性树脂和热固性树脂。

由热塑性树脂制成的塑料称为热塑性塑料。热塑性树脂受热软化，温度升高逐渐熔融，冷却时重新硬化，这一过程可以反复进行，对其性能及外观均无重大影响。聚合树脂属于热塑性树脂，其耐热性较低，刚度较小，抗冲击性、韧性较好。

由热固性树脂制成的塑料称为热固性塑料。热固性树脂在加工时受热变软，但固化成型后，即便再加热也不能软化或改变其形状，只能塑制一次。缩聚树脂属于热固性树脂，其耐热性较高，刚度较大，质地硬而脆。

（2）填料　填料又称填充剂，它是绝大多数塑料中不可缺少的原料，通常占塑料组成材料的40%～70%。其作用是提高塑料的强度、韧性、耐热性、耐老化性、抗冲击性等，同时也降低塑料的成本，常用的填料有滑石粉、硅藻土、石灰石粉、云母、石墨、石棉、玻璃纤维等，还可用木粉、纸屑、废棉、废布等。

（3）增塑剂　增塑剂的作用是增加塑料的可塑性、柔软性、弹性、抗震性、耐寒性及延伸率等，但会降低塑料的强度与耐热性。对增塑剂的要求是要与树脂的混溶性好，无色、无毒，挥发性小。增塑剂一般用一些不易挥发的高沸点的液体有机化合物或低熔点的固体。常用的增塑剂有邻苯二甲酸二甲酯、邻苯二甲酸二丁酯、邻苯二甲酸二辛酯、磷酸三苯酯等。

（4）固化剂　固化剂又称硬化剂，其主要作用是使线型高聚物交联成体型高聚物，使树脂具有热固性。如环氧树脂常用的胺类（如乙二胺、二乙烯三胺、间苯二胺），某些酚醛树脂常用的六亚甲基四胺、酸酐类及高分子类（聚酰胺树脂）。

（5）着色剂　着色剂又称色料，其作用是将塑料染制成所需要的颜色。着色剂的种类按其在着色介质中或水中的溶解性分为染料和颜料两大类。

①染料　染料是溶解在溶液中，靠离子化学反应作用产生着色的化学物质，实际上染料都是有机物，其色泽鲜艳，着色性好，但其耐碱、耐热性差，受紫外线作用后易分解。

②颜料　颜料是基本不溶的微细粉末状物质。靠自身的光谱性吸收并反射特定的光谱而显色。塑料中所用的颜料，除具有优良的着色作用外，还可作为稳定剂和填充料来提高塑料的性能，起到一剂多能的作用。在塑料制品中，常用的是无机颜料，如灰黑、镉黄等。

（6）其他助剂　为了改善或调节塑料的某些性能，以适应使用和加工的特殊要求，可在塑料中掺加各种不同的助剂，如稳定剂、阻燃剂、发泡剂、润滑剂、抗老化剂。

2.2.2　塑料制品的种类

（1）聚苯乙烯（PS）　聚苯乙烯具有一定的机械强度和化学稳定性，电性能优良，透光性好，着色性佳，并易成型。缺点是耐热性太低，只有80℃，不能耐沸水；性脆不耐冲击，制品易老化出现裂纹；易燃烧，燃烧时会冒出大量黑烟，有特殊气味。聚苯乙烯的透光性仅次于有机玻璃，大量用于低档灯具、灯格板及各种透明、半透明装饰件。硬质聚苯乙烯泡沫塑料大量用于轻质板材芯层和泡沫包装材料。

（2）聚乙烯（PE）　聚乙烯（PE）根据密度不同分为三类：高密度聚乙烯，密度为$0.941 \sim 0.965 \text{g/cm}^3$；中密度聚乙烯，密度为$0.926 \sim 0.940 \text{g/cm}^3$；低密度聚乙烯，密度为$0.910 \sim 0.925 \text{g/cm}^3$。聚乙烯有优良的耐低温性和耐化学药剂侵蚀性，突出的电绝缘性能和耐辐射性以及良好的抗水性能。但它对日光、油类影响敏感，而且易燃烧。聚乙烯常用于制造防渗防潮薄膜、给排水管道，在装修工程中，可用于制作组装式散光格栅、拉手件等。

（3）聚酰胺（PA）　聚酰胺俗称"尼龙"，常用品种有尼龙6、尼龙66、尼龙610及尼龙

1010等。聚酰胺坚韧耐磨，抗拉强度高，抗冲击韧性好，有自润滑性，并有较好的耐腐蚀性能。聚酰胺可用于制作各种建筑小五金、家具脚轮、轴承及非润滑的静摩擦部件等，还可喷涂于建筑五金表面起到保护装饰作用。

（4）ABS塑料　ABS塑料是由丙烯腈、丁二烯和苯乙烯三种单体共聚而成的。ABS为不透明的塑料，呈浅象牙色，具有良好的综合力学性能：硬而不脆，尺寸稳定，易于成型和机械加工，表面能镀铬，耐化学腐蚀。缺点是不耐高温，耐热温度为96～116℃，易燃、耐候性差。ABS塑料可用于制作压有美丽花纹图案的塑料装饰板材及室内装饰用的构配件；可制作电冰箱、洗衣机、食品箱、文具架等现代日用品；ABS树脂泡沫塑料尚能代替木材，制作高雅而耐用的家具等。

（5）聚甲基丙烯酸甲酯（PMMA）　聚甲基丙烯酸甲酯俗称"有机玻璃"，是透光率最高的一种塑料，透光率达92%，但它的表面硬度比无机玻璃差得多，容易划伤。PMMA具有优良的耐候性，处于热带气候下暴晒多年，它的透明度和色泽变化很小，易溶于有机溶剂中。PMMA塑料在建筑中大量用作窗玻璃的代用品，用在容易破碎的场合。此外，PMMA尚可以用作室内墙板、中、高档灯具等。

（6）酚醛塑料　酚醛塑料是用苯酚和甲醛聚合而成的热固性树脂加入各种添加剂混合而成的材料，具有很好的绝缘性、化学稳定性和黏附性。酚醛塑料的主要缺点为色深，装饰性差，抗冲击强度小。主要用于生产层压制品及配制粘接剂和涂料等。

（7）氨基树脂塑料　氨基树脂塑料有脲醛树脂塑料和三聚氰胺甲醛树脂塑料等，是热固性塑料中使用最多的品种。三聚氰胺甲醛树脂塑料坚硬，耐划伤，无色半透明，用做热固性树脂层压装饰板的面层材料，也可用做一些浅色装饰模压件。脲醛树脂塑料价格低廉，是木材胶黏剂中使用量最大的一类，也可制作浅色装饰模压配件。

（8）不饱和聚酯树脂塑料　不饱和聚酯树脂塑料是交联网状或体型结构，是不溶不熔的物质。具有优良的耐有机溶剂性能，良好的耐热、隔热性，但不耐浓酸与碱。液态不饱和聚酯树脂塑料用作涂料和胶黏剂，也可以用来制造玻璃钢和人造大理石等树脂型混凝土。固化后的不饱和聚酯树脂塑料具有优良的装饰性能和耐溶剂性能。

2.2.3　塑料成型与加工

对于热塑性塑料制品采用不同的成型方式，其工艺与设备均不相同，但在成型前，都需将主要原料与辅助原料进行混炼，使原料均匀混合，制成颗粒、粉状或其他状态，再进行成型。对于热固性塑料制品，则一般采用涂覆、浸渍、拌合、热压等的组合成形，成型方法有如下几种。

（1）模压成型　又称压塑法，是制造热固性塑料主要成型方法之一，有时也用于热塑性塑料。它是把粉状、片状或粒状塑料置于金属模具中加热，在压机压力下充满模具成型。在压制中发生化学反应而固化，脱模即得产品。

（2）注射成型　又称注塑，是热塑性塑料的主要成型方法之一。它是将塑料颗粒在注射机的料筒内加热熔化，以较高的压力和较快的速度注入闭合模具内成形。

（3）挤出成型　又称挤压或挤塑法。它是将原料在加压筒内软化后，借加压筒内螺旋杆的挤压，通过不同型孔或者连续地挤出不同形状的型材如管、棒、条板等。

（4）延压成型　是将混炼出的片状塑料经辊压逐级延展压制成一定厚度的片材。

（5）层压成型　是制造增强塑料的主要方法之一。它是将层状填料如纸、布、木片等，在浸渍机内浸渍或涂胶机中涂覆热固性树脂溶液，经干燥后重叠一起或卷成棒材和管材，在层压机上加热加压，固化后成形。

（6）浇铸成型　又称浇塑法。它是将热态的热固性树脂或热塑性树脂注入模型，在常压或低压下加热固化或冷却凝固而成形。

2.3　常用装饰塑料制品

目前用于建筑装饰的塑料制品很多，几乎遍及室内装饰的各个部位，最常见的有塑料地板、铺地卷材、塑料地毯、塑料装饰板、塑料墙纸、塑料门窗型材、塑料管材等。

2.3.1　塑料墙纸

塑料墙纸是以一定材料为基材，在其表面进行涂塑后再经过印花、压花或发泡处理等多种工艺而制成的一种墙面装饰材料。塑料墙纸是近年来发展起来的装饰材料，产品种类不断增加，产量逐年提高，已成为内墙装饰最广泛的材料之一。目前已发展成具有一定规模的塑料墙纸工业。墙纸的应用也正在我国迅速普及，促使墙纸的产量与花色品种不断增加。塑料墙纸可分为印花墙纸、压花墙纸、发泡墙纸、特种墙纸、塑料墙布等五大类。

2.3.1.1　塑料墙纸的原料与生产工艺

（1）原料

① 基本塑料原料　塑料墙纸需树脂及其他辅助原料。树脂主要为PVC，为便于加工，一般用低分子量PVC，辅助原料中，制作发泡墙纸时需加入发泡剂。

② 底纸　作为塑料墙纸的底纸，要求能耐热、不卷曲，有一定强度，一般为80～100g/ m^2 的纸张。

（2）生产工艺　塑料墙纸的生产工艺一般分为两步。

① 第一步。在底层纸上复合一层塑料，复合的方法有四种。第一种是用压延法使压延薄膜与底纸在压延机后直接加压复合。第二种是涂布法，涂布料有乳液涂布和PVC糊。第三种是间接复合，即用复合机复合。第四种是挤出复合，即将底纸从平板机头挤出的薄膜复合。其中最常用的是压延法和涂布法。

② 第二步。对复合好的墙纸半成品进行表面加工，包括印花、压花、印花压花、发泡压花等。有时，此两步可在一台机组上完成，如在涂布机组上直接压花得到压花墙纸。

2.3.1.2　塑料墙纸的特点

（1）装饰效果好　由于塑料墙纸表面可进行印花、压花及发泡处理，能仿天然石纹、木纹及锦缎，达到以假乱真的地步，并通过精心设计，印制适合各种环境的花纹图案，几乎不受限制。色彩也可任意调配，做到自然流畅，清淡高雅。

（2）性能优越　根据需要可加工成具有难燃隔热、吸音、防霉，且不容易结露，不怕水洗，不易受机械损伤的产品。

（3）适合大规模生产且粘贴施工方便　塑料墙纸的加工性能良好，可进行工业化连续生产。纸基的塑料墙纸，可用普通107胶黏剂或乳白胶即可粘贴，且透气性好。

（4）使用寿命长、易维修保养　塑料墙纸表面可擦洗，对酸碱有较强的抵抗能力。

2.3.1.3　常用塑料墙纸

（1）普通壁纸　普通壁纸是以$80 \sim 100g/m^2$的纸作基材，涂覆$100g/m^2$左右的聚氯乙烯糊，经印花、压花而成。这类墙纸又分单色压花、印花压花和有光、平光印花几种，花色品种多，适用面广，价格也低，是民用住宅和公共建筑墙面装饰应用最普遍的一种壁纸。

（2）发泡壁纸　发泡壁纸是以$100g/m^2$的纸作基材，涂塑$300 \sim 100g/m^2$掺有发泡剂的PVC糊，印花后再加热发泡而成。这类壁纸有高发泡印花、低发泡印花、低发泡印花压花等几个品种。高发泡壁纸的发泡倍数大，表面呈富有弹性的凹凸花纹，是一种装饰兼吸音的多功能墙纸，常用于歌剧院、会议室住房的天花板装饰。低发泡印花壁纸，是在掺有适量发泡剂的PVC糊涂层的表面印有图案或花纹，通过采用含有抑制发泡作用的油墨，使表面形成具有不同色彩的凹凸花纹图案，又叫化学浮雕。这种壁纸的图案逼真，立体感强，装饰效果好，并有一定的弹性。适用于室内墙裙客厅和内走廊装饰。还有一种仿砖、石面的深浮雕型壁纸，其凹凸高度可达25mm，为采用座模压制而成。只适用于室内墙面装饰。

（3）特种壁纸　特种壁纸，是指具有耐水、防火和特殊装饰效果的壁纸品种。耐水壁纸是用玻璃纤维作基材，在PVC涂塑材料中，配以具有耐水性的胶黏剂，以适应卫生间、浴室等墙面装饰要求。防火墙纸是用$100 \sim 200g/m^2$的石棉纸作基材，并在PVC涂塑材料中掺有阻燃剂，使墙纸具有一定的阻燃防火功能，适用于防火要求很高的建筑。所谓特殊装饰效果的彩色砂粒壁纸，是在基材上散布彩色砂粒，再涂黏结剂，使表面呈沙粒毛面，可用于门厅、柱头、走廊等局部装饰。

2.3.2　塑料地板

（1）塑料地板的特点　塑料地板具有质轻、尺寸稳定、施工方便、经久耐用、脚感舒适、色泽艳丽美观、耐磨、耐油、耐腐蚀、防火、隔声及隔热等优点。

（2）塑料地板的分类　按所用树脂可分为：聚氯乙烯塑料地板、聚丙烯树脂塑料地板和氯化聚乙烯树脂塑料地板三大类。目前，绝大部分塑料地板属于第一类。按生产工艺可分为压延法、热压法和注射法。我国塑料地板的生产大部分采用压延法。按材料可分为硬质、半硬质片材和软质的卷材。

（3）PVC塑料地板的原料及生产工艺　PVC塑料地板的原料与普通塑料相同，除树脂外还需加入其他辅助原料如增塑剂、稳定剂、填料等。PVC塑料地板常采用的生产工艺有热压法和压延法生产。热压法填料可适当加多，但它属间歇性生产。

（4）常用PVC塑料地板的特点与应用

① PVC石棉地砖。它是生产最早、使用最普遍的塑性地板材料，由PVC塑料或PVC与氯共聚树脂混合料加石棉与碳酸钙填料制成，它可以采用热压法或压延法生产，其特点是成本低、耐燃性好，尤其耐烟头，踩灭烟头不会破坏其表面，应用比较广泛。

② PVC地砖。由于石棉纤维生产地砖时有损健康，近年开始生产只用碳酸钙填料的地砖即PVC地砖。由于不用石棉，必须采用特殊的技术来保证它的尺寸稳定性及其他性能，仍能

达到PVC石棉地砖的标准。

③ 压花印花PVC地砖。一般是素色的，或仅以拉花处理，可在压延机后设压花印花装置。生产的图案可以是无规则的，也可以是有规则的。由于图案是在压花时印上去的，故是凹下去的，在使用中不易磨损。

④ 印花发泡塑料地板。多为一种半硬质的塑料地板。主要原料也是用PVC树脂，不同的是除表面层印花装饰处理外，中间层为加有2%的AC发泡剂的PVC糊，在压延加热时形成PVC泡沫层，以提高地板的弹性和隔音、隔热性，基层用石棉纸、无纺布或玻璃纤维布等。为增加表面印花图案的立体效果，采用化学压花，印刷后向可发性PVC糊内渗透，在发泡时，由于抑制作用，使一部分不发泡而凹下去，而发泡的凸出来，使图案或花形富有立体感。

⑤ 覆膜彩印PVC地板。为改善塑料地板的防滑性能，在表面彩印层上涂覆透明PVC糊层后再进行压花处理，形成覆膜彩印PVC地板。

⑥ 抗静电PVC地板和防尘地板。是以PVC树脂为基料，非金属无机材料为填料，内掺有吸湿防尘添加剂制成。铺地后具有防尘作用，适用于纺织车间和要求空气净化的防尘仪表车间等。

2.3.3 塑料装饰板

塑料装饰板是以树脂材料为基材或为浸渍材料，经一定工艺制成的具有装饰功能的板材。根据塑料所用材料与制品结构，可将塑料装饰板分成五大类，每类又有不同品种，如塑料装饰板、贴面装饰板、三聚氰胺贴面装饰板、酚醛树脂贴面装饰板、丙烯酸树脂贴面装饰板等。

2.3.3.1 塑料装饰板的原料与生产工艺

除塑料贴面板外，其他塑料装饰板的原料与生产类似于一般塑料制品。塑料贴面板生产较为特殊，而且应用最为广泛。

（1）塑料贴面板原料

① 树脂。塑料贴面装饰板常用的树脂有三聚氰胺树脂、酚醛树脂、脲醛树脂、不饱和聚酯树脂、邻苯二甲酸丙烯酯树脂、鸟粪胺树脂等。目前主要应用三聚氰胺树脂和酚醛树脂。

② 表层纸与底层纸。表层纸是放在装饰板最上层，经浸渍树脂和热压后，具有高度透明性与坚硬性，起到保护装饰板表面的作用。这种纸细薄、洁白，并且有较高吸收性能。底层纸用来做装饰板的基材，使板材具有一定厚度与强度，是制造装饰板的重要材料，占用纸量的80%上。层次分别为表层纸、装饰纸、覆盖纸、底层纸和隔离层纸。

③ 装饰纸。在产品结构中是放在表层纸下面，主要起提供花纹图案的装饰作用和防止底层胶液渗漏的覆盖作用。装饰纸要求表面平滑，有良好吸收性和适应性，有底色的要求色调均匀，彩色的要求颜色鲜艳。

④ 覆盖纸。夹在装饰纸与底层纸之间，用以遮盖深色的底层并防止酚醛树脂胶透过装饰纸。如装饰纸有足够的遮盖性可不用覆盖纸。

⑤ 脱模纸。浸渍油酸胶后配置在底层纸下面，以防止酚醛树脂胶在热压过程中粘在铝板上。可使用聚丙烯薄膜包覆铝垫板以省去脱模纸。

（2）生产工艺　将表层纸、装饰纸、覆盖纸、底层纸分别浸渍树脂后，经干燥后组坯，经热压后即为贴面装饰板。

2.3.3.2　塑料贴面装饰板的规格及类型

塑料贴面装饰板的规格是根据设备条件和用途确定的，目前常见的幅面规格有如下一些：915mm×915mm；915mm×1830mm；915mm×2135mm。

塑料贴面装饰板的类型：① 单面装饰板；② 双面装饰板；③ 单面浮雕装饰板；④ 双面浮雕装饰板；⑤ 底层纸中加有金属板的增强装饰板；⑥ 底层纸中加有玻璃纤维布的装饰板；⑦ 铝板为基材装饰板；⑧ 底层纸为基材铝箔装饰板；⑨ 刨切单板混合结构的装饰板；⑩ 人造板为基材的装饰板。生产塑料贴面装饰板时也加入一些增强材料如玻璃纤维、金属等提高其强度。

2.3.3.3　塑料贴面装饰板的特点

塑料贴面装饰板是采用特殊原纸和树脂制成，在制造过程中可以仿制各种人造材料和天然材料的花纹图案，如桃花心木、花梨木、水曲柳、大理石、纤维织物等纹理或设计其他不同图案。

装饰板的品种多样，色调鲜艳，装饰性强，适用范围较广。表层、装饰层使用的是氨基树脂，基层使用的是酚醛树脂，所以表面坚硬、耐磨损、耐热。而且这种板材耐水性能好，密度大，尺寸稳定性好，能耐一般酸、碱、油脂及酒精的腐蚀。装饰板具有韧性，可以弯曲成一定弧度，便于曲面的装饰，并易于与其他材料胶贴。

2.3.3.4　常用塑料贴面装饰板

塑料贴面装饰板又称塑料贴面板。它是以酚醛树脂的纸质压层为胎基，表面用三聚氰胺树脂浸渍过的印花纸为面层，经热压制成并可覆盖于各种基材上的一种装饰贴面材料。塑料贴面板的图案，色调丰富多彩，耐湿，耐磨，耐燃烧，耐酸、碱、油脂及酒精等溶剂的侵蚀，平滑光亮，极易清洗。粘贴在板材的表面，较木材耐久，装饰效果好，是节约优质木材的好材料。

第3章
建筑装饰石材

石材分为天然石材和人造石材两大类。天然石材指天然大理石和花岗岩，人造石材则包括水磨石、人造大理石等。石材具有产量大、分布广、加工制作方便等优点，成为古今中外建筑工程装饰中的优良材料。随着建筑业的发展和人民生活水平的提高，在公共设施建筑和家居环境中使用石材进行装饰已十分普遍。

3.1　石材的分类与性能

石材在工程中的主要用途可以归结为以下三点：

① 石材用做建筑结构材料。世界上许多古建筑都是由天然石材建造而成的。

② 石材可用做生产其他建筑材料的原材料。大量碎石用做水泥混凝土和沥青混合料的粗骨料。

③ 石材用做建筑装饰材料。许多公共建筑、民用建筑均使用石材作为墙面、地面等装饰材料。因此，在现代土木工程和建筑装饰领域中，石材的应用前景依然十分广阔。

3.1.1　石材的分类

石材来自岩石，岩石按地质形成条件不同，可分为岩浆岩、沉积岩和变质岩三大类。

3.1.1.1　岩浆岩

岩浆岩又称火成岩，是地壳内部岩浆冷却凝固而成的岩石，是组成地壳的主要岩石，占地壳总质量的89%，分布量极大。根据岩浆冷却条件不同，所形成的岩石具有不同的结构性质，又分为深成岩、喷出岩、浅成岩和火山岩。

（1）深成岩　深成岩是岩浆在地壳深处缓慢冷却，凝固而成的全晶质粗粒岩石。特点是：结构致密、表观密度及导热性大，抗压强度高、吸水率小、耐磨性和耐久性好。如花岗岩、闪长岩、辉长岩等。

（2）喷出岩　喷出岩是岩浆喷出地表时急剧降低了压力和快速冷却凝固而形成的岩石。当喷出岩形成很厚时，其结构与性质接近深成岩；当形成较薄的岩层时，多数形成玻璃质结构及多孔结构。特点是：强度高、硬度大、易于风化。如：玄武岩、安山岩等。

（3）浅成岩　浅成岩又称半深成岩，是岩浆在地表较浅的地方较快冷却结晶而成的岩石。介于深成岩与火山岩之间，是深成岩与熔岩的中间结构，如辉绿岩等。

（4）火山岩　火山岩是火山爆发时岩浆喷入空气，由于冷却极快，压力急剧降低，落下时形成的具有松散多孔、外观密度小的玻璃物质堆积在一起受到覆盖层压力作用及岩石中的天然胶结物质的胶结的岩石。特点：质轻、多孔、强耐水性及耐冻性低、保温性好。火山岩是制作水泥的材料。

3.1.1.2　沉积岩

沉积岩又称水成岩。沉积岩是在地壳表层的条件下，由母岩的风化产物、火山物质、有机物质等沉积岩的原始物质成分，经搬运、沉积及其沉积后作用而形成的一类岩石。特点是：结构致密性差，密度小，孔隙率及吸水率大，强度小。沉积岩的体积只占岩石圈的5%，但其分布面积却占陆地的75%，层浅易于开采。沉积岩中蕴藏着大量的沉积矿产，如煤、石油、天然气、盐类、铁、锰、铝、铜、铅、锌等。

建筑中常用的沉积岩有石灰岩、砂岩、页岩、硅藻土等。

3.1.1.3　变质岩

变质岩是地壳中原有的岩石如沉积岩、岩浆岩、火成岩，由于地质环境和物理、化学条件的变化，在固态情况下发生物质成分的迁移和重结晶而形成的新型岩石。建筑上常用的变质岩为大理石、石英石、片麻岩等。

3.1.2　石材的性质

3.1.2.1　表观密度

天然石材的表观密度由其矿物质组成及致密程度所决定。致密的石材，如花岗岩、大理石等，其表观密度接近于其实际密度，约为$2500 \sim 3100 \text{kg/m}^3$，而孔隙率大的火山灰凝灰岩、浮石等，其表观密度约为$500 \sim 1700 \text{kg/m}^3$。

天然岩石按表观密度大小可分为重石和轻石两大类。表观密度大于或等于1800kg/m^3的为重石，可用于建筑物的基础、贴面、地面、房屋外墙、桥梁及水工建筑物。表观密度小于1800kg/m^3的为轻石，主要用作墙体材料。

3.1.2.2　吸水性

石材的吸水性与孔隙率及孔隙特征有关。花岗岩的吸水率通常小于0.5%。致密的石灰岩，它的吸水率可小于1%，而多孔的贝壳石灰岩吸水率可高达15%。吸水率低于1.5%的岩石称为低吸水性岩石，介于1.5% ～ 3.0%的称为中吸水性岩石，吸水率高于3.0%的称高吸水性岩石。

石材的吸水性对其强度与耐水性有很大影响。石材吸水后，会降低颗粒之间的黏结力，从而使强度降低。有些岩石还容易被水溶蚀，因此，吸水性强与易溶的岩石，其耐水性较差。

3.1.2.3 抗冻性

石材的抗冻性，是指其抵抗冻融破坏的能力。其值是根据石材在水饱和状态下按规范要求所能经受的冻融循环次数表示，一般有F10、F15、F25、F100、F200。能经受的冻融循环次数越多，则抗冻性越好。石材抗冻性与吸水性有密切的关系，吸水率大的石材其抗冻性也差。吸水率＜0.5%的石材，则认为是抗冻的。

3.1.2.4 耐热性

石材的耐热性与其化学成分及矿物组成有关。石材经高温后，由于热胀冷缩、体积变化而产生内应力或因组成矿物发生分解和变异等导致结构破坏。含有石膏的石材，在100℃以上时就开始破坏；含有碳酸镁的石材，温度高于725℃会发生破坏；含有碳酸钙的石材，温度达827℃时开始破坏。由石英与其他矿物所组成的结晶石材，如花岗岩等，当温度达到700℃以上时，由于石英受热发生膨胀，强度迅速下降。

3.1.2.5 抗压强度

石材的抗压强度，是以三个边长为70mm的立方体试块的抗压破坏强度的平均值表示。根据抗压强度值的大小，石材共分九个强度等级：MU100、MU80、MU60、MU50、MU40、MU30、MU20、MU15和MU10。天然石材的抗压强度大小，取决于岩石的矿物组成、结构与构造特性、胶结物质的种类及均匀性等因素，此外加荷载的方式对抗压强度测定也有影响。

3.1.2.6 冲击韧性

石材的冲击韧性决定于岩石的矿物组成与构造。石英岩、硅质砂岩脆性较大。含暗色矿物较多的辉长岩、辉绿岩等具有较高的韧性。通常，晶体结构的岩石较非晶体结构的岩石具有较高的韧性。

3.2 建筑装饰常用石材

石材分为天然石材和人造石材两大类。天然石材主要有大理石和花岗石。

3.2.1 天然石材

3.2.1.1 大理石

（1）大理石的性能及特点 大理石是大理岩的俗称。大理岩由石灰岩或白云岩变质而成。由白云岩变质成的大理石，其性能比由石灰岩变质而成的大理石优良。大理石的主要矿物成分是方解石和白云石，经变质后，结晶颗粒直接结合成整体块状构造，抗压强度高，质地致密，硬度低。

大理石的主要化学成分为CaO和MgO，其含量占总量的50%。

大理石的性能见表3-1。

表3-1 大理石的性能

名称	主要质量指标		主要用途
	项目	指标	
大理石	表观密度/（kg/m³）	2500～2700	装饰材料、踏步、地面、墙面、柱面、柜台、栏杆、电气绝缘板等
	强度/MPa 抗压	47～140	
	强度/MPa 抗折	2.5～16	
	强度/MPa 抗剪	8～12	
	吸水率/%	<1	
	膨胀系数/（10⁻⁶/℃）	6.5～11.2	
	平均韧性/cm	10	
	平均质量磨耗率/%	12	
	耐用年限/年	30～100	

由于大理石一般都含有杂质，而且碳酸钙在大气中受二氧化碳、硫化物、水汽的作用容易风化和溶蚀，所以除了汉白玉、艾叶青可用于室外，其他品种不宜用于室外。

（2）大理石的种类

① 大理石按表面加工光洁度分类

镜面板材：表面镜向光泽值应不低于70光泽单位。

亚光板材：表面要求亚光平整，细腻，使光线产生漫反射现象的板材。

粗面板：饰面粗糙规则有序，端面锯切整齐的板材。

② 大理石按色系分类

我国所产大理石依其抛光面的基本颜色，大致可分为白、黄、绿、灰、红、咖啡、黑色八个系列。

● 白色大理石：汉白玉，晶白，雪花白，雪云，四川白。

● 黑色大理石：墨玉，中国黑，蒙古黑，莱阳黑。

● 红色大理石：中国红，砾红，印度红，枫叶红，岭红。

● 灰色大理石：杭灰；云灰。

● 黄色大理石：松香黄，松香玉，米黄；黄线玉。

● 绿色大理石：斑绿，大花绿，裂玉，孔雀绿，莱阳绿。

● 彩色大理石：春花、秋花、水墨花，雪夜梅花等。

● 青色大理石：青花玉。

常用的几种大理石如图3-1～图3-8。

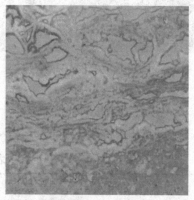

图3-1 金花米黄

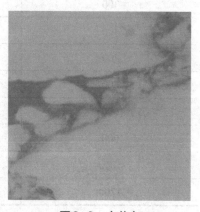

图3-2 大花白

图3-3 挪威红

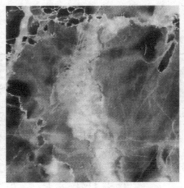
图3-4 杭灰

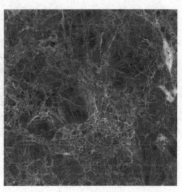
图3-5 啡网纹

图3-6 大花绿

图3-7 板岩

图3-8 松香黄

（3）大理石板材的技术标准

① 常用规格及品种　见表3-2、表3-3。

表3-2　大理石产品常用规格　　　　　　　　　　mm

长	宽	厚
300	150	20
300	300	20
400	200	20
400	400	20
600	300	20
600	600	20
900	600	20
1070	750	20
1200	600	20

表3-3　国内部分大理石品种及性能

大理石名称	颜色	物理性能				产地
		抗压强度/MPa	抗折强度/MPa	硬度	吸水率/%	
雪浪	白色，灰白色	92.8	19.7	38.5	1.07	湖北
秋景	灰色	94.8	14.3	49.8	1.2	湖北
晶白	雪白，白色	104.9	19.8	—	1.31	湖北
虎皮	灰黑色	76.7	16.6	55	1.11	湖北
杭灰	灰色，白花纹	130.6	12.3	63	0.16	浙江
汉白玉	乳白色	156.4	19.1	42	—	北京
丹东绿	浅绿色	89.2	6.7	47.9	0.14	沈阳

② 质量标准

选好等级：根据规格尺寸允许的偏差、平面度（见表3-4）和角度允许的公差，以及外观质量、表面光洁度等指标，大理石板材分为优等品（A）、一等品（B）和合格品（C）三个等级；大理石板材的定级、鉴别主要是通过仪器、量具的检测来鉴别的。

表3-4　平面度允许偏差

平板长度范围	平面度允许最大偏差值/mm		角度允许最大偏差值/(°)	
	一级品	二级品	一级品	二级品
＜400	0.3	0.5	0.4	0.6
≥400	0.6	0.8	0.6	0.8
≥800	0.8	1.0		
≥1000	1.0	1.2		

检查外观质量：不同等级的大理石板材的外观有所不同（见表3-5）。因为大理石是天然形成的，缺陷在所难免。同时加工设备和量具的优劣也是造成板材缺陷的原因。有的板材的板体不丰满（翘曲或凹陷），板体有缺陷（裂纹、砂眼、色斑等），板体规格不一（如缺棱角、板体不正）等。

表3-5　大理石板材的正面外观缺陷要求

名称	规定内容	优等品	一等品	合格品
裂纹	长度超过10mm的不允许条数（条）			
缺棱	长度不超过8mm，宽度不超过1.5mm（长度≤4mm、宽度≤1mm的不计），每米长允许个数（个）			
缺角	沿板材边长顺延方向，长度≤3mm，宽度≤3mm（长度≤2mm、宽度≤2mm的不计），每块板允许个数（个）	0	1	2
色斑	面积不超过6cm²（面积小于2cm²的不计），每块板允许个数（个）			
砂眼	直径在2mm以下		不明显	有，不影响装饰效果

选花纹色调：大理石板材色彩斑斓，色调多样，花纹无一相同，这正是大理石板材名贵的魅力所在。色调基本一致、色差较小、花纹美观是优良品种的具体表现，否则会严重影响装饰效果。

检测表面光泽度：大理石板材表面光泽度的高低会极大影响装饰效果。一般来说优质大理石板材的抛光面应具有镜面一样的光泽，能清晰地映出景物。但不同品质的大理石由于化学成分不同，即使是同等级的产品，其光泽度的差异也会很大。当然同一材质不同等级之间的板材表面光泽度也会有一定差异。此外，大理石板材的强度、吸水率也是评价大理石质量的重要指标。

3.2.1.2　天然花岗岩

（1）天然花岗岩的性能及特点　天然花岗岩是优良的装饰石材，目前多采用将其加工成板材或块材的形式应用于装饰工程中。

花岗岩是火成岩的一种，在地壳上分布最广，是岩浆在地壳深处逐渐冷却凝结成的结晶岩体，主要成分是石英、长石和云母。一般是黄色带粉红的，也有灰白色的。质地坚硬，色泽美丽，经过切片、加工、磨光、修边后成为不同规格的石板，是很好的建筑材料。

特点：结构细密、性质坚硬、耐酸、耐腐、耐磨、耐高温、耐磨、抗压强度高、耐冻性高、耐久性好，一般使用75～200年，比大理石寿命长。缺点是自重大、硬度大、质脆、耐火性差，某些花岗岩含有微量放射性元素对人体有害。

花岗岩可用于宾馆、饭店、酒楼、商场、银行、展览馆、影剧院的内部及外部门面及外墙装饰，室内外地面、墙面、台阶、踏步及碑刻都可使用。

花岗岩的性能见表3-6。

表3-6　花岗岩的性能

名称	主要质量指标			主要用途
	项目		指标	
花岗岩	表观密度/(kg/m³)		2500～2700	基础、桥墩、堤坝、拱石、阶石、路面、海港结构、基座、勒脚、窗台、装饰石材等
	强度/MPa	抗压	120～250	
		抗折	8.5～15.0	
		抗剪	13～19	
	吸水率/%		<1	
	膨胀系数/(10⁻⁶/℃)		5.6～7.34	
	平均韧性/cm		8	
	平均质量磨耗率/%		11	
	耐用年限/年		75～200	

（2）花岗岩的种类

① 根据装饰用花岗岩板材的基本形状分类　分为普通型平面板材（N型）和异型板材（S形或弧形）两大类。

② 按表面加工强度分类　分为细面板材（RB）、镜面板材（PL）、粗面板材（RV）三类。

细面板材（RB）为表面平整、光滑的板材；镜面板材（PL）为表面平整、具有镜面光泽的板材；粗面板材（RV）为表面不平整，粗糙，具有较规则加工条纹的机刨板，舵斧板，锤击板，烧毛板。

③按照花岗岩色彩不同分类　常用的花岗岩可分为以下几类。

红色系列：四川红、中国红、岑溪红、贵妃红、虎皮红、石棉红、将军红等。

黑色系列：纯黑，淡青黑，芝麻黑，贵州黑，川黑等。

青色系列：芝麻青，半易绿，黎西蓝，芦花青，青花，竹叶青等。

花白系列：白石花，四川花白，白虎涧，黑白花，芝麻白，花白等。

黄红色系列：东留肉红，兴洋桃红，浅红小花，樱花红等。

常见的几种花岗岩见图3-9～图3-16。

图3-9　幻彩红

图3-10　枫叶红

图3-11　印度红

图3-12　黑金砂

图3-13　火烧板

图3-14　金麻

图3-15　白麻

图3-16　绿星

（3）花岗岩板材的技术标准

常用规格及品种见表3-7、表3-8。

表3-7　花岗岩板材定型产品规格　　　　　　　　　　　mm

长	宽	厚
1200	90	20
305	152	20
610	305	20
610	610	20
915	610	20
1067	762	20
1220	915	20

表3-8　国内部分花岗岩品种及性能

花岗岩名称	颜色	物理性能				产地
		抗压强度/MPa	抗折强度/MPa	硬度/MPa	磨损量/%	
白虎洞	粉红色	137.3	9.2	86.5	2.62	北京
花岗石	浅灰条纹	202.1	15.7	90.0	8.02	山东
花岗石	红灰色	212.4	18.4	99.7	2.36	山东
花岗石	灰白色	140.2	14.4	94.5	7.41	山东
笔山石	浅灰色	180.4	21.6	97.3	12.18	福建
日中石	灰白色	171.3	17.1	97.8	4.80	福建
峰白石	灰色	195.6	23.3	103.0	7.83	福建

　　按天然花岗岩石板材规格尺寸允许偏差、平面度允许极限公差、角度允许极限公差（见表3-9）及外观质量（见表3-10），可以分为优等品（A）、一等品（B）、合格品（C）三个等级。

表3-9　平面度允许偏差

平板长度范围	平面度允许最大偏差值/mm		角度允许最大偏差值/(°)	
	一级品	二级品	一级品	二级品
＜400	0.3	0.5	0.4	0.6
≥400	0.6	0.8	0.6	0.8
≥800	0.8	1.0		
≥1000	1.0	1.2		

表3-10　花岗岩板材正面外观缺陷要求

名称	缺陷含义	优等品	一等品	合格品
缺棱	长度不超过10mm，宽度不超过1.2mm（长度小于5mm，宽度小于1.0mm的不计），周边每米长允许个数（个）	不允许	1	2
缺角	沿板材边长，长度≤3mm，宽度≤3mm（长度≤2mm，宽度≤2mm的不计），每块板允许个数（个）			
裂纹	长度不超过两端顺延至板边总长度的1/10（长度小于20mm的不计），每块板允许条数（条）			
色斑	面积不超过15mm×30mm（面积小于10mm×10mm不计），每块板允许个数（个）		2	3
色线	长度不超过两端顺延至板边总长度的1/10（长度小于40mm的不计），每块板允许条数（条）			

注：干挂板材不允许有裂纹存在。

（4）质量标准

① 用肉眼观察石材的表面结构。一般说来均匀的细料结构的石材具有细腻的质感，为石材之佳品；粗粒及不等粒结构的石材其外观效果较差，力学性能也不均匀，质量稍差。另外天然石材中由于地质作用的影响，常在其中产生一些细脉和微裂隙，石材最易沿这些部位发生破裂，应注意剔除。至于缺棱少角更是影响美观，选择时尤应注意。

② 量石材的尺寸规格，以免影响拼接或造成拼接后的图案、花纹、线条变形，影响装饰效果。

③ 听石材的敲击声音。一般而言质量好的、内部致密均匀且无显微裂隙的石材，其敲击声清脆悦耳；相反若石材内部存在显微裂隙或细脉，或因风化导致颗粒间接触变松，则敲击声粗哑。

④ 用简单的试验方法来检验石材质量好坏。通常在石材的背面滴上一小滴墨水，如墨水很快四处分散浸出，即表示石材内部颗粒较松或存在显微裂隙，石材质量不好；反之则说明石材致密，质地好。

3.2.2　人造石材

人造石材是以大理石、花岗石碎料，石英砂、石渣等为骨料，树脂或水泥等为胶结料，经拌合、成型、聚合或养护后，研磨抛光、切割而成。常用的人造石材有人造花岗石、大理石和水磨石三种，以人造大理石的应用较为广泛。与天然石材相比，人造石具有色彩艳丽、光洁度高、颜色均匀一致，抗压耐磨、韧性好、结构致密、坚固耐用、密度小、不吸水、耐腐蚀、耐污染、色差小、不褪色、放射性低等优点，已成为现代建筑首选的饰面材料。

3.2.2.1　人造石材分类

目前常用的人造石材有四类：水泥型人造石材、聚酯型人造石材、复合型人造石材、烧结型人造石材。

（1）水泥型人造石材　以白色、彩色水泥或硅酸盐、铝酸盐水泥为胶结料，砂为细骨料，碎大理石、花岗石或工业废渣等为粗骨料，必要时再加入适量的耐碱颜料，经配料、搅拌、成型和养护硬化后，再进行磨平抛光而制成。配制过程中，混入色料，可制成彩色水泥石。水泥型石材的生产取材方便，价格低廉，但其装饰性较差。水磨石和各类花阶砖即属此类。

（2）聚酯型人造石材 以不饱和聚酯为胶结料，加入石英砂、大理石渣、方解石粉等无机填料和颜料，经配制、混合搅拌、浇注成型、固化、烘干、抛光等工序而制成。目前，国内外人造大理石、花岗石以聚酯型为多，该类产品光泽好、颜色浅，可调配成各种鲜明的花色图案。由于不饱和聚酯的黏度低，易于成型，且在常温下固化较快，便于制作形状复杂的制品。与天然大理石相比，聚酯型人造石材具有强度高、密度小、厚度薄、耐酸碱腐蚀及美观等优点。但其耐老化性能不及天然花岗石，故多用于室内装饰。

（3）复合型人造石材 这类人造石材，是由无机胶结料和有机胶结料共同组合而成。例如，可在廉价的水泥型板材上复合聚酯型薄层，组成复合型板材，以获得最佳的装饰效果和经济指标；也可将水泥型人造石材浸渍于具有聚合性能的有机单体中并加以聚合，以提高制品的性能和档次。有机单体可用苯乙烯、甲基丙烯酸甲酯、醋酸乙烯、丙烯氰、二氯乙烯、丁二烯等。

（4）烧结型人造石材 这种石材是把斜长石、石英、辉石石粉和赤铁矿以及高岭土等混合成矿粉，再配以40%左右的黏土混合制成泥浆，经制坯、成型和艺术加工后，再经1000℃左右的高温焙烧而成。如仿花岗石瓷砖，仿大理石陶瓷艺术板等。烧结型人造石材的装饰性好，性能稳定，但需经高温焙烧，因而能耗大，造价高。

由于不饱和聚酯树脂具有黏度小、易于成型、光泽好、颜色浅、容易配制成各种明亮的色彩与花纹、固化快、常温下可进行操作等特点，因此在上述石材中，目前使用最广泛的，是以不饱和聚酯树脂为胶结剂而生产的树脂型人造石材，其物理、化学性能稳定，适用范围广，又称聚酯合成石。

3.2.2.2 装饰工程中常用的人造石材

目前在装饰工程中常用的人造石材品种主要有聚酯型人造石材和水磨石、微晶石、蒙特列板。

（1）聚酯型人造石材 聚酯型人造石材是以不饱和聚酯为黏结剂，与天然大理石、花岗岩、石英砂、方解石粉及外加剂搅拌混合后，在室温下固结成型，再经脱模和抛光后制成的一种人造石材。

聚酯型人造石材是模仿大理石、花岗岩的表面纹理加工而成，具有类似大理石、花岗岩的机理特点，色泽均匀，结构紧密。这种地面耐磨，耐水，耐寒，耐热。高质量的聚酯型人造石材的物理力学性能（见表3-11）等于或优于天然大理石，但在色泽和纹理上不及天然石材美丽自然柔和。

表3-11 聚酯型人造石材的物理力学性能

性能项目	指标
相对密度/（kg/m³）	2100
抗压强度/MPa	＞100
抗弯强度/MPa	＞30
冲击强度/（N/cm²）	＞20
表面硬度（HS）	＞35
表面光泽度（度）	80～100
吸水率/%	＜0.1

（2）水磨石　水磨石是以碎大理石、花岗岩或工业废料渣为粗骨料，砂为细骨料，水泥和石灰粉为黏结剂，经搅拌、成型、养护、磨光、抛光后制成的一种人造石材地面材料。

水磨石分预制和现浇两种，由铜条嵌缝并划成各种各样的色彩和花饰的图案。由于掺合料的不同，色彩掺合剂的不同，地面效果也形形色色，具有极强的效果。水磨石地面便于洗刷，耐磨，常用于人流集中的大空间。

水磨石的物理力学性能见表3-12。

表3-12　水磨石的物理力学性能

品种	性能指标				
	颜色	光泽度	抗折强度	抗压强度	角度差
水磨石板	各种颜色		>6MPa	35～45MPa	0.5～0.8mm
彩色水磨石板	深绿	40度	5MPa	—	1.0mm
	锦魔				
	橘红色				
	米黄				

（3）蒙特列板　由天然矿石粉、高性能树脂和天然颜料聚合而成。具有仿石质感效果，表面光洁如陶瓷，而且可像木材一样加工，在住宅和其他空间的装饰工程中广泛应用。

其主要特性如下。

① 表面没有毛细孔，易清洁。

② 耐污、耐酸、耐腐蚀、耐磨损。损伤可以通过打磨修复，拼接无接缝。

③ 阻燃、无毒。常温下不散发任何气体。

④ 色彩多样，达五十种供选择。

⑤ 可塑性强，可替代石料、木材加工成装饰柱式、花形栏杆、扶手、线角、各式台面板等。

（4）微晶石　微晶石（也称微晶玻璃）是一种采用天然无机材料，运用高新技术经过两次高温烧结而成的新型绿色环保高档建筑装饰材料。具有板面平整洁净，色调均匀一致，纹理清晰雅致，光泽柔和晶莹，色彩绚丽璀璨，质地坚硬细腻，不吸水防污染，耐酸碱抗风化，绿色环保、无放射性毒害等优良特点。这些优良的理化性能都是天然石材所不可比拟的。各种规格的、不同颜色的平面板、弧型板可用于建筑物的内外墙面、地面、圆柱、台面和家具装饰等任何需要石材建设、装饰的地点。

微晶石特点如下。

① 性能优良。比天然石更具理化优势，微晶石是在与花岗岩形成条件相似的高温状态下，通过特殊的工艺烧结而成，质地均匀，密度大、硬度高，抗压、抗弯、耐冲击等性能优于天然石材，经久耐磨，不易受损，更没有天然石材常见的细碎裂纹。

② 质地细腻，板面光泽晶莹柔和。微晶石既有特殊的微晶结构，又有特殊的玻璃基质结构，质地细腻，板面晶莹亮丽，对于射入光线能产生扩散漫反射效果，使人感觉柔美和谐。

③ 色彩丰富、应用范围广泛。微晶石的制作工艺，可以根据使用需要生产出丰富多彩的色调系列（尤以水晶白、米黄、浅灰、白麻四个色系最为时尚、流行），同时，又能弥补天然石材色差大的缺陷，产品广泛用于宾馆、写字楼、车站机场等内外装饰，更适宜家庭的高级装

修，如墙面、地面、饰板、家具、台盆面板等。

④ 耐酸碱度佳，耐候性能优良。微晶石作为化学性能稳定的无机质晶化材料，又包含玻璃基质结构，其耐酸碱度、抗腐蚀性能都甚于天然石材，尤其是耐候性更为突出，经受长期风吹日晒也不会褪光，更不会降低强度。

⑤ 卓越的抗污染性，方便清洁维护。微晶石的吸水率极低，几乎为零，多种污秽浆泥、染色溶液不易侵入渗透，依附于表面的污物也很容易清除擦净，特别方便于建筑物的清洁维护。

⑥ 能热弯变形，制成异性板材。微晶石可用加热方法，制成顾客所需的各种弧形、曲面板，具有工艺简单、成本低的优点，避免了弧形石材加工大量切削、研磨、耗时、耗料、浪费资源等弊端。

⑦ 不含放射性元素。微晶石的制作已经人为地剔除了任何含辐射性的元素，不含像天然石材那样可能出现对人体的放射伤害，是现代最为安全的绿色环保型材料。

3.3 石材加工工具及机械

3.3.1 电锤

电锤（见图3-17）又称冲击钻，常用来打眼、开孔及大理石的固定。电锤的原理是传动机构在带动钻头做旋转运动的同时，还有一个方向垂直于钻头的往复锤击运动。电锤是由传动机构带动活塞在一个汽缸内往复压缩空气，汽缸内空气压力周期变化带动汽缸中的击锤往复打击钻头的顶部，好像我们用锤子敲击钻头，故名电锤。

图3-17 电锤

电锤适合大口径如30mm以上。优点是效率高，孔径大，钻进深度长。缺点是震动大，对周边构筑物有一定程度的破坏作用。

3.3.2 云石机

图3-18 云石机

云石机（见图3-18）是石材加工的主要切割机，是手提石材切割机，其锯片为合金钢锯片，切割时要带水加工，不允许干磨，否则易于损坏机具和锯片。特点：重量轻，携带方便。

3.3.3 手动抛光机

手动抛光机是利用中央出水打磨大理石及花岗石和抛光石面的特殊设备（见图3-19）。

图3-19 手动抛光机

3.3.4 水钻

水钻（见图3-20）利用不同种类、口径的合金钢钻头，对石材和水泥进行加工的一种钻孔机械。

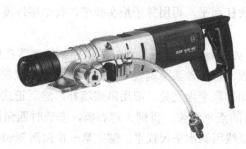

图3-20 水钻

3.4 石材饰面施工方法

3.4.1 大理石地面施工

（1）材料准备 大理石块的品种、规格、质量应符合设计和施工规范要求，在铺装前应采取防护措施，防止出现污染、碰损。水泥宜选用普通硅酸盐水泥或矿渣硅酸盐水泥，强度等级不小于32.5级，并备适量擦缝用白水泥。选用中砂或粗砂，砂的含泥量不超过3%。矿物颜料选用蜡、草酸。

（2）机具准备 云石机、手动抛光机、手电钻、修整用平台、木锲、水平尺、2m靠尺、方尺、橡胶锤或木锤、墨斗、钢卷尺、尼龙线、扫帚、钢丝刷等。

3.4.2 施工工艺

（1）工艺流程 基层处理→试拼→弹线→试排→刷水泥素浆及铺砂浆结合层→铺大理石板块→灌缝、擦缝→打蜡。

① 基层处理：将地面垫层上的杂物清净，用钢丝刷刷掉黏结在垫层上的砂浆，并清扫干净。

② 试拼：在正式铺设前，对每一房间的大理石板块，应按图案、颜色、纹理试拼，将非整块板对称排放在房间靠墙部位，试拼后按两个方向编号排列，然后按编号码放整齐。

③ 弹线：为了检查和控制大理石板块的位置，在房间内拉十字控制线，弹在混凝土垫层上，并引至墙面底部，然后依据墙面50cm标高线找出面层标高，在墙上弹出水平标高线，弹水平线时要注意室内与楼道面层标高要一致。

④ 试排：在房间内的两个相互垂直的方向铺两条干砂，其宽度大于板块宽度，厚度不小于3cm。结合施工大样图及房间实际尺寸，把大理石板块排好，以便检查板块之间的缝隙，核

对板块与墙面、柱、洞口等部位的相对位置。

⑤ 刷水泥素浆及铺砂浆结合层：在铺砂浆之前再次将混凝土垫层清扫干净，然后洒水湿润，刷一层素水泥浆（水灰比为0.5左右，随刷随铺砂浆）；根据板面水平线确定结合层砂浆厚度，拉十字控制线，铺找平层水泥砂浆（找平层一般采用1：3的干硬性水泥砂浆），砂浆从里往门口摊铺，铺好后用大杠刮平，再用抹子拍实找平，找平层厚度宜高出大理石底面标高水平线3～4mm。

⑥ 铺砌大理石板块：先试铺即搬起板块对好纵横控制线铺落在已铺好的干硬性砂浆结合层上，用橡胶锤敲击木垫板，振实砂浆至铺设高度后，将大理石掀起移至一旁，检查砂浆表面与板块之间是否相吻合，如发现空虚之处，应用砂浆填补，然后正式镶铺。先在水泥砂浆结合层上满浇一层水灰比为0.5的素水泥浆，再铺大理石板，安放时四角同时往下落，用橡胶锤或木锤轻击木垫板，根据水平线用铁水平尺找平，铺完第一块向两侧和后退方向顺序铺砌。

⑦ 灌缝、擦缝：24h后进行灌浆擦缝，灌浆1～2h后，用丝绵蘸原稀水泥浆擦缝，与板面擦平，同时将板面上的水泥浆擦干净；喷水养护不少于7天，3天内不得上人。

⑧ 打蜡：当水泥砂浆结合层达到强度后（抗压强度达到1.2MPa时），方可进行打蜡。

（2）质量标准和通病防治

① 质量标准

a.材料面层相邻两块大理石板间不允许出现高差。

b.大理石表面洁净，图案清晰，光亮、光滑、色泽一致、接缝均匀、周边顺直，板块无裂纹、掉角和缺棱等现象。

c.大理石板行列（缝隙）对直线的偏差，在10m长度范围内不得超过3mm。

d.允许偏差：大理石的允许偏差应符合表3-13的规定。

表3-13 大理石面层的允许偏差和检验方法

序号	项目	允许偏差/mm	检验方法
1	表面平整度	1	用2m靠尺和楔形塞尺检查
2	缝格平直	2	拉5m线，不足5m拉通线和尺量检查
3	接缝高低差	0.5	尺量和楔形塞尺检查
4	板块间隙宽度	1	尺量检查

② 通病防治

a.板面空鼓：由于混凝土垫层清理不净或浇水湿润不够，刷素水泥浆不均匀或刷的面积过大、时间过长已风干，干硬性水泥砂浆任意加水，大理石板面有浮土未浸水湿润等因素，都易引起空鼓。因此必须严格遵守操作工艺要求，基层必须清理干净，结合层砂浆不得加水，随铺随刷一层水泥浆，大理石板块在铺砌前必须浸水湿润。

b.接缝高低不平、缝子宽窄不匀：主要原因是板块本身有厚薄及宽窄不匀、窜角、翘曲等缺陷，铺砌时未严格拉通线进行控制等因素，均易产生接缝高低不平、缝子不匀等缺陷。所以应预先严格挑选板块，凡是翘曲、拱背、宽窄不方正等块材剔除不予使用。铺设标准块后，应向两侧和后退方向顺序铺设，并随时用水平尺和直尺找准，缝子必须拉通线不能有偏差。房间内的标高线要有专人负责引入，且各房间和楼道内的标高必须相通一致。

c.过门口处板块易活动：一般铺砌板块时均从门框以内操作，而门框以外与楼道相接的空隙（即墙宽范围内）面积均后铺砌，由于过早上人，易造成此处活动。在进行板块翻样和加工订货时，应同时考虑此处的板块尺寸，并同时加工，以便铺砌楼道地面板块时同时操作。

3.4.3 大理石饰面施工

大理石饰面的施工方法一般有两种：一种是传统湿作业灌浆法，即在墙、柱面上设钢筋网绑扎固定面板或在墙、柱面及板面对应打孔U形钢钉固定，然后在墙面与板块间灌注水泥砂浆粘贴；另一种是干挂工艺，即在墙、柱面上安装专门制作的挂件支承石板材。

3.4.3.1 湿作业灌浆法

材料要求：同大理石地面要求。

工艺流程：施工准备（钻孔、剔槽）→穿铜丝或镀锌铅丝与块材固定→绑扎、固定钢丝网→吊垂直、找规矩、弹线→石材刷防护剂→安装石材→分层灌浆→擦缝。如图3-21所示。

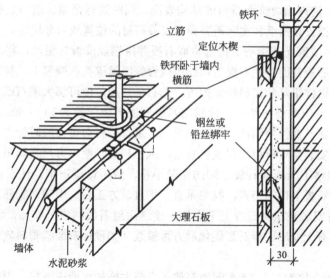

图3-21　金属丝绑定法

① 钻孔、剔槽：安装前先将饰面板按照设计要求用台钻打眼，事先应钉木架使钻头直对板材上端面，在每块板的上、下两个面打眼，孔位打在距板宽的两端1/4处，每个面各打两个眼，孔径为5mm，深度为12mm，孔位距石板背面以8mm为宜。如大理石、磨光花岗岩，板材宽度较大时，可以增加孔数。钻孔后用云石机轻轻剔一道槽，深5mm左右，连同孔眼形成象鼻眼，以备埋卧铜丝之用。

② 穿铜丝或镀锌铅丝：把备好的铜丝或镀锌铅丝剪成长20cm左右，一端用木楔粘环氧树脂将铜丝或镀锌铅丝伸进孔内固定牢固。另一端将铜丝或镀锌铅丝顺孔槽弯曲并卧入槽内，使大理石或磨光花岗石板上、下端面没有铜丝或镀锌铅丝突出，以便和相邻石板接缝严密。

③ 绑扎钢筋：首先剔出墙上的预埋筋，把墙面镶贴大理石的部位清扫干净。先绑扎一道竖向φ6钢筋，并把绑好的竖筋用预埋筋弯压于墙面。横向钢筋为绑扎大理石或磨光花岗石板材所用，如板材高度为60cm时，第一道横筋在地面以上10cm处与主筋绑牢，用作绑扎第一层板材的下口固定铜丝或镀锌铅丝。第二道横筋绑在50cm水平线上7～8cm，比石板上口低

2～3cm处，用于绑扎第一层石板上上口固定铜丝或镀锌铅丝，再往上每60cm绑一道横筋即可。

④ 弹线：首先将要贴大理石或磨光花岗石的墙面、柱面和门窗套用大线坠从上至下找出垂直。应考虑大理石或磨光花岗石板材厚度、灌注砂浆的空隙和钢筋网所占尺寸，一般大理石、磨光花岗石外皮距结构面的厚度应以5～7cm为宜。找出垂直后，在地面上顺墙弹出大理石或磨光花岗石等外廓尺寸线。此线即为第一层大理石或花岗岩等的安装基准线。编好号的大理石或花岗岩板等在弹好的基准线上画出就位线，每块留1mm缝隙（如设计要求拉开缝，则按设计规定留出缝隙）。

⑤ 石材表面处理：石材表面充分干燥（含水率应小于8%）后，用石材防护剂进行石材六面体防护处理，此工序必须在无污染的环境下进行，将石材平放于木方上，用羊毛刷蘸上防护剂，均匀涂刷于石材表面，涂刷必须到位，第一遍涂刷完间隔24h后用同样的方法涂刷第二遍石材防护剂，如采用水泥或胶黏剂固定，间隔48h后对石材粘接面用专用胶泥进行拉毛处理，拉毛胶泥凝固硬化后方可使用。

⑥ 基层准备：清理预做饰面石材的结构表面，同时进行吊直、套方、找规矩，弹出垂直线、水平线。并根据设计图纸和实际需要弹出安装石材的位置线和分块线。

⑦ 安装大理石或磨光花岗石：按部位取石板并用铜丝或镀锌铅丝，将石板就位，石板上口外仰，右手伸入石板背面，把石板下口铜丝或镀锌铅丝绑扎在横筋上。绑时不要太紧可留余量，只要把铜丝或镀锌铅丝和横筋拴牢即可，把石板竖起，便可绑大理石或磨光花岗石板上口铜丝或镀锌铅丝，并用木楔子垫稳，块材与基层间的缝隙一般为30～50mm。用靠尺板检查调整木楔，再拴紧铜丝或镀锌铅丝，依次向另一方进行。柱面可按顺时针方向安装，一般先从正面开始。第一层安装完毕再用靠尺板找垂直，水平尺找平整，方尺找阴阳角方正，在安装石板时如发现石板规格不准确或石板之间的空隙不符，应用铅皮垫牢，使石板之间缝隙均匀一致，并保持第一层石板上口的平直。找完垂直、平直、方正后，用碗调制熟石膏，把调成粥状的石膏贴在大理石或磨光花岗石板上下之间，使这两层石板结成一整体，木楔处亦可粘贴石膏，再用靠尺检查有无变形，等石膏硬化后方可灌浆（如设计有嵌缝塑料软管者，应在灌浆前塞放好）。

⑧ 灌浆：把配合比为1：2.5水泥砂浆放入半截大桶加水调成粥状，用铁簸箕舀浆徐徐倒入，注意不要碰大理石，边灌边用橡胶锤轻轻敲击石板面使灌入砂浆排气。第一层浇灌高度为15cm，不能超过石板高度的1/3；第一层灌浆很重要，因要锚固石板的下口铜丝又要固定饰面板，所以要轻轻操作，防止碰撞和猛灌。如发生石板外移错动，应立即拆除重新安装。

⑨ 擦缝：全部石板安装完毕后，清除所有石膏和余浆痕迹，用麻布擦洗干净，并按石板颜色调制色浆嵌缝，边嵌边擦干净，使缝隙密实、均匀、干净、颜色一致。

U形钉固定方法的操作过程与绑扎固定方法的不同之处是：墙面40°～45°斜孔，钻孔间距应根据石材板块开孔尺寸位置确定，固定时用U形钉分别插入墙面和板块背面孔中，随即用木楔临时固定。其他操作要求与绑扎固定相同。

3.4.3.2 干挂施工法

（1）施工流程　基层处理→弹线→墙面涂防水剂→打孔→固定连接件→安装石材→嵌缝。如图3-22所示。

① 基层处理：混凝土外墙表面有局部凸出处影响扣件安装时，须剔凿平整。

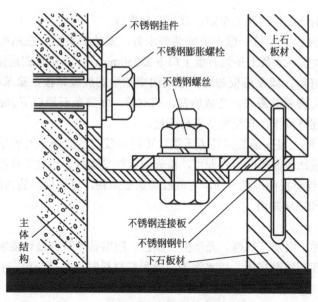

图3-22 干挂法安装

② 弹线：在墙面上吊垂线及拉水平线，控制饰面的垂直度、平整度，根据设计要求和施工放样图弹出安装板块的位置线和分隔线，最好用经纬仪打出大角两个面的竖向控制线，确保安装顺利。

③ 墙面涂防水剂：由于板材与混凝土墙身之间不填充砂浆，为了防止因材料性能或施工质量可能造成渗漏，在外墙面上应涂刷一层防水剂。

④ 打孔：根据设计尺寸和图纸要求在饰面板两端1/4处居板厚中心打孔，孔深为20mm，孔径为5mm，钻头为4.5mm。打孔的平面要与钻头垂直，钻孔位置要准确无误。

⑤ 固定连接件：根据施工放样图及饰面石板的钻孔位置，用冲击钻在结构对应位置上打孔，要求成孔与结构表面垂直，成孔后，把孔内的灰粉用小钩勺掏出，安放膨胀螺栓，宜将所需的膨胀螺栓全部安装就位。将扣件固定，用扳手扳紧，安装节点，连接板上的孔洞均呈椭圆形，以便于安装时调节位置。

⑥ 安装石材。

底层石板安装：把侧面的连接铁件安好，便可把底层面板靠角上的一块就位。方法是用夹具暂时固定，先将石板侧孔抹胶，调整铁件，插固定钢针，调整面板固定。依次按顺序安装底层面板，待底层面板全部就位后，检查一下各板水平是否在一条线上，如有高低不平的要进行调整；低的可用木楔垫平；高的可轻轻适当退出点木楔，退到面板上口在一条水平线上为止；先调整好面板的水平与垂直度，再检查板缝，板缝宽应按设计要求，板缝均匀，将板缝嵌紧被衬条，嵌缝高度要高于25cm。其后用1：2.5的用白水泥配制的砂浆，灌于底层面板内20cm高，砂浆表面上设排水管。

石板上孔抹胶及插连接钢针：把1：1.5的白水泥环氧树脂倒入固化剂、促进剂，用小棒搅匀，用小棒将配好的胶抹入孔中，再把长40mm的φ4连接钢针通过平板上的小孔插入直至面板孔，上钢针前检查其有无伤痕，长度是否满足要求，钢针安装要保证垂直。面板暂时固定后，调整水平度，如板面上口不平，可在板底的一端下口的连接平钢板上垫一相应的双股铜丝垫，若铜丝粗，可用小锤砸扁，若高，可把另一端下口用以上方法垫一下。调整垂直度，并调整面板上口的不锈钢连接件的距墙空隙，直至面板垂直。

顶部最后一层面板除了按一般石板安装要求外，安装调整后，在结构与石板的缝隙里吊一通长的20mm厚木条，木条上平为石板上口下去250mm，吊点可设在连接铁件上，可采用铅丝吊木条，木条吊好后，即在石板与墙面之间的空隙里塞放聚苯板，聚苯板条要略宽于空隙，以便填塞严实，防止灌浆时漏浆，造成蜂窝、孔洞等，灌浆至石板口下20mm作为压顶盖板之用。如此自下而上逐排操作，直至完成石材干挂。

⑦ 嵌缝：每一施工段安装后经检查无误，可贴硅胶防污胶条进行嵌缝。一般情况下，硅胶只封平接缝表面或比板面稍凹少许即可。雨天或板材受潮时，不宜涂硅胶。

⑧ 清理：用棉丝将板面擦洗干净，对硅胶等黏结杂物，可用棉丝沾丙酮擦净。

（2）质量标准和通病防治

① 质量标准

a.饰面板的品种、级别、规格、光洁度、颜色、图案必须符合设计要求。

b.饰面板与基底应镶贴牢固。以水泥为主要黏结材料时，严禁空鼓，并不得有歪斜、缺棱掉角、裂纹等缺陷，镶贴缝隙应平直。

c.墙裙、门窗贴脸等部位，突出墙面的厚度应一致。

d.块材饰面板的允许偏差和检验方法应符合规定（见表3-14）。

表3-14　块材饰面板的允许偏差和检验方法

序	项目		允许偏差							检验方法
			天然石材				人造石材	光面石材		
			光面	粗磨面	麻面条纹面	天然面	人造大理石	方柱	圆柱	
1	表面平整		1	2	3	—	1	1	1	用2m靠尺和楔形塞尺检查
2	立面垂直	室内	2	2	3	5	2	2	2	用2m托线板检查
		室外	2	4	5	—	3	2	2	
3	阴、阳角方正		2	3	4	—	2	2	—	用方尺和楔形塞尺检查
4	接缝平直		2	3	4	5	2	2	2	拉5m线（不足5m拉通线）尺量检查
5	墙裙上口平直		2	3	3	3	2	—	—	
6	接缝高低		0.3	1	2	—	0.5	0.3	0.3	用方尺和塞尺检查
7	接缝宽度		0.3	1	1	2	0.5	0.5	0.5	用塞尺检查

② 通病防治

a.接缝不平，高低差过大：基层处理不好，对板材质量没有严格挑选，安装前试拼不认真，施工操作不当，分次灌浆过高等，容易造成石板外移或板面错动，以致出现接缝不平、高低差过大。

措施：安装前根据墙面弹线找规矩进行板块试拼，施工时按操作要点进行，每道工序用靠尺检查调整，使板面镶贴平整。

b.空鼓脱落：主要是灌浆不饱满、不密实所致。如灌浆稠度大，使砂浆不能流动或因钢筋网阻挡造成该处不实而空鼓；如砂浆过稀，一方面容易造成漏浆，或由于水分蒸发形成空隙而空鼓；最后清理石膏时，剔凿用力过大，使板材振动空鼓。

措施：结合层水泥砂浆应满抹满刮，厚薄均匀；灌浆应分层，插捣须仔细。

c.板材开裂：板材有色纹，暗缝，隐伤等缺陷，以及凿孔，开槽受到应力集中而引起开裂；板材安装不严密，侵蚀气体和湿空气透入板缝，使挂网遭到锈蚀，造成外推塌落。

措施：选材时应剔除有缺陷的板材，加工孔洞，开槽时应仔细操作；待结构沉降稳定后再镶贴块材，并在顶部和底部安装块材时留有一定缝隙，以防结构压缩变形，导致块材直接承受重力被压开裂；灌浆应饱满，嵌缝要严密，避免腐蚀性气体锈蚀挂网损坏板面。

第4章
无机胶凝材料

工程中将能够把散粒材料或块状材料黏结成一个整体的材料称为胶凝材料。按化学成分，将胶凝材料分为有机胶凝材料和无机胶凝材料。无机胶凝制品的特点是造价低、原料来源广及防火、防水、防潮、隔热、吸音等性能较好，同时生产工艺简单，因此国内外无机矿物装饰材料的发展很快，产量很高，新的品种也在不断出现。

4.1　无机胶凝材料原料简介

无机胶凝材料按硬化条件分为气硬性胶凝材料和水硬性胶凝材料。气硬性胶凝材料只能在空气中凝结硬化，也只能在空气中保持和发展其强度，即气硬性胶凝材料的耐水性差，不宜用于潮湿环境；水硬性胶凝材料则既能在空气中硬化，又能在水中更好地硬化，并保持和发展其强度，即水硬性胶凝材料的耐水性好，可用于潮湿环境或水中。常用的气硬性胶凝材料有石膏、石灰、水玻璃、镁质胶凝材料等，常用的水硬性胶凝材料统称为水泥。

4.1.1　气硬性胶凝材料

能在空气中硬化，并能长久保持强度或继续提高强度的材料称为气硬性胶凝材料，其主要有以下几种。

4.1.1.1　石灰膏

自然界中的石灰是经石灰石（$CaCO_3$）煅烧生产出生石膏，并放出大量 CO_2 气体，生石膏不能直接使用，必须加水熟化过滤，并在沉淀中沉淀熟化过滤而成。一般用孔径 3mm×3mm 的筛过滤，其熟化时间一般不少于 15 天（常温下），用于罩面的不少于 30 天。使用时，石灰膏内不得含有未熟化的颗粒和杂质。为了防止石灰膏的干燥、冻结、风化、干硬，应在沉淀池石灰膏上面保留一层水来保护。主要化学反应式如下：

$$CaCO_3 \longrightarrow CaO + CO_2$$
$$CaO + H_2O \longrightarrow Ca(OH)_2$$
$$Ca(OH)_2 + CO_2 \longrightarrow CaCO_3 + H_2O$$

4.1.1.2　石膏

把生石膏在100～190℃的温度下煅烧成熟石膏，再经过磨细后成的粉物，称为"建筑石膏"，简称"石膏"。石膏适用于室内装饰以及隔热保温、吸音和防火等饰面，但由于耐水性和抗冻性很差不适于室外装饰工程。在建筑工程中，常用的石膏主要有建筑石膏、模型石膏、粉刷石膏和高硬石膏等四种。粉刷石膏是以建筑石膏粉为基料，加入多种添加剂和填充料等配制而成的白色材料。它是一种新型装饰材料，适用于混凝土墙板、砂子灰墙、砖石、石棉水泥板、加气混凝土基层作内墙装饰。粉刷石膏分为面层型、底层型、保温型。粉刷石膏具有表面硬度大、硬化速度快、硬化后结构稳定、不开裂、不腐蚀、不掉粉、不脱皮的特点。

4.1.1.3　水玻璃

水玻璃为钠、钾的硅酸盐水溶液，是一种无色、微黄或灰白色的黏稠液体。它能溶于水，稠度和密度可根据需要进行调整，但水玻璃空气中硬化比较慢。为了加速硬化，在施工中常采用将水玻璃加热或加入氟硅酸钠促凝剂等方法，以缩短其硬化时间。水玻璃具有良好的黏结能力，硬化时析出的硅酸凝胶能堵塞毛细孔，防止水分渗透。因为水玻璃还有较强的耐酸性能，能抵抗无机酸和有机酸的侵蚀，所以在抹灰过程中常用来配制特种砂浆，用于耐酸、耐热、防水等要求的工程上。

4.1.2　水硬性胶凝材料

遇水后凝结硬化并保持一定强度的材料称为水硬性胶凝材料，常分为一般水泥和装饰水泥两种。一般水泥分为普通水泥、矿渣水泥、火山灰水泥和煤灰水泥等四种。装饰水泥又分为白水泥和彩色水泥两种，水硬性胶结材料应储存在防止风吹、日晒和受潮的仓库中。

水泥是一种粉末状的水硬性胶凝材料，与水拌合呈塑性材料，能胶结砂石材料，并能在空气中、水中硬化成具有强度的石状固体。常风的水泥有硅酸盐水泥、铝酸盐水泥、硫铝酸盐水、氟铝酸盐水泥及少熟料或无熟料水泥等。

4.1.2.1　水泥砂浆抹灰骨料

（1）砂　自然条件下所形成的粒径在5mm以下的岩石颗粒称为砂。抹灰工程中常用普通砂（粒径为0.15～5mm）。按砂的来源，普通砂分为自然山砂、湖砂、河砂和海砂四种，它是由坚硬的岩石经自然风化逐渐形成的疏散颗粒的混合物。根据颗粒大小（细度模数），普通砂又分为粗砂、中砂、细砂和特细砂四种。抹灰砂采用中砂，或者粗砂与中砂混合掺用。砂在使用前应过筛，不得含有杂质，要求颗粒坚硬、洁净，含泥量不得超过3%。特殊用途的工程用少量石英砂。石英砂分为人造石英砂、天然石英砂和机制石英砂三种。人造石英砂和机制石英砂，是由石英岩焙烧并经过人工或机械破碎、筛分而成，它们比天然石英砂纯净、质量好，而且二氧化碳含量高。在抹灰工程中，石英砂常用以配制耐腐蚀砂浆。

（2）石粒　石粒又称为石米、彩色石渣、彩色石子，是把天然大理石、白云石、方解石、花岗石以及其他天然石材，由人工或机械细碎而成。石粒有各种色泽，在抹灰工程中用来制作水磨石、水刷石、干黏石、斩假石的骨料。

（3）砾石　又称豆石、特细卵石。砾石是自然风化形成的石子，抹灰工程中用于水刷石面层及楼地面细石混凝土面层等。

（4）石屑　粒径比石粒还小的细骨料，主要用于配制外墙喷涂饰面的聚合物砂浆。常用的有松香石屑、白云石屑等。

（5）彩色瓷粒　以石英、长石和瓷土为主要原料经烧制而成的称为彩色瓷粒。粒径（1.2～3mm）小，颜色多样。一般用彩色瓷粒代替彩色石粒用于室外装修抹灰，优点有大气稳定性好、颗粒小、表面瓷粒均匀、露出黏结砂浆较少、整个饰面厚度薄、自重轻等。

（6）膨胀珍珠岩　又称珠光砂、珍珠岩粉。珍珠岩是一种酸性火山玻璃质岩石，因为它具有珍珠岩裂隙结构而得名。膨胀珍珠岩是珍珠岩矿石经过破碎、筛分、预热，在高温（1260℃左右）中悬浮瞬间焙烧，体积骤然膨胀而成的一种白色或灰白色的中性无机砂状材料。颗粒结构呈蜂窝泡沫状，重量特轻，风吹可扬，主要有保温、隔热、吸声、无毒、不燃、无臭等优点。抹灰工程中膨胀珍珠岩与水泥、石灰膏及其他胶结材料做成保温、隔热、吸声灰浆，适用于内墙抹灰工程。

（7）膨胀蛭石　又称蛭石粉。由蛭石经过晾干、破碎、筛选、煅烧、膨胀而成膨胀蛭石。蛭石在850～1000℃温度下煅烧时，其颗粒单片体积能膨胀20倍以上，许多颗粒的总的膨胀体积约5～7倍，膨胀后的蛭石，呈许多薄片组成的层状碎片，在碎片内具有无数细小薄层空隙，其中充满空气，所以膨胀蛭石密度极小，热导率很小，耐火防腐，是一种很好的无机保温隔热、吸声材料。为了防止阴冷潮湿、凝结水等不良现象，厨房、浴室、地下室及湿度较大的车间等内墙面和顶棚抹灰时，常用蛭石砂浆。

4.1.2.2　水泥砂浆中纤维材料

在抹灰面装饰中，为了抹灰层不易开裂和脱落，常用纤维材料来拉结骨架。常用的纤维材料有麻刀、纸筋、草秸、玻璃纤维等。

（1）麻刀　麻刀即为细碎麻丝，要求坚韧、干燥、不含杂质，使用前剪成20～30mm长，敲打松散，每100kg石灰膏掺1kg麻刀。

（2）纸筋　纸筋常用粗草纸浸泡、捣烂而成，常分为干纸筋和湿纸筋两种，使用前按100kg石灰膏掺2.75kg纸筋的比例加入淋灰池，使用时应过筛。

（3）草秸　将坚韧而干燥的稻草、麦秸断割成碎段（长度不大于30mm），经过石灰水浸泡处理15天后使用。每100kg石灰膏掺8kg稻草（或麦秸）。

（4）玻璃纤维　将玻璃丝切成碎段（长1cm左右），每100kg石灰膏掺入200～300mg玻璃丝灰。玻璃丝具有耐热、耐腐蚀、抹出墙面洁白光滑、价格便宜等优点，但需防止玻璃丝刺激皮肤。

4.1.2.3　水泥砂浆中颜料

为了增加装饰艺术效果，通常在抹灰砂浆中掺入适量颜料。抹灰用的颜料必须为耐碱、耐光的矿物颜料，常用的颜料有白、黄、红、蓝、绿、棕、紫、黑等色，按使用要求选用。

4.2　装饰水泥、砂浆

装饰水泥是指白水泥和彩色水泥，在建筑装饰工程中，常用白水泥、彩色水泥配成水泥色浆或装饰色浆，或制成装饰混凝土，用于建筑物室内外表面装饰，以材料本身的质感、色彩美化建筑，也可以用各种大理石、花岗岩碎屑作为骨料配置成水刷石、水磨石等。

4.2.1　白水泥

（1）白水泥生产制造原理　硅酸盐水泥的主要原料为石灰石、黏土和少量的铁矿石粉，将这几种原料按适合的比例混合磨成生料，生料经均化后送入窑中进行煅烧，得到以硅酸钙为主要成分的水泥熟料，再在水泥熟料中掺入适量的石膏共同磨细得到的水硬性胶凝材料，即硅酸盐水泥。白色硅酸盐水泥简称白水泥，生产方法与普通硅酸盐水泥基本相同，严格控制水泥中的含铁量是白水泥生产中的一项主要技术。其工艺要求如下：

① 严格控制原料中的含铁量。要求生产白色硅酸盐水泥的石灰石质原料中含铁的质量分数（以 Fe_2O_3 计）低于 0.05%；黏土质原料要选用氧化铁含量低的高岭土（或成为白土）或含铁质较低的砂质黏土；校正性原料有瓷石和石英砂等。

② 严格控制粉磨工艺中带入的铁质。生产白色硅酸盐水泥时，磨机衬板应用花岗岩、陶瓷或优质耐磨钢制成，研磨体用硅质鹅卵石或高铬铸铁材料制成。铁质输送设备须仔细涂漆，以防铁屑混入，降低熟料的白度。

③ 尽量选用灰分小的燃料。最好是无灰分的燃料，如天然气、重油等。

④ 提高硅酸三钙的含量。熟料中硅酸三钙的颜色较硅酸二钙白，而且着色氧化物易固溶于硅酸二钙中，所以提高硅酸三钙含量有利于提高水泥的白度。

⑤ 采取一定的漂白工艺。水泥厂生产白色硅酸盐水泥常用的漂白工艺有两种。一种是将熟料在高温下急速冷却到 $500 \sim 600℃$，使熟料中的 Fe_2O_3 及其他着色元素固溶于玻璃体中，达到熟料颜色变淡的目的。熟料急冷前的温度越高，漂白作用越好。另一种是在特殊的漂白设备中进行漂白处理，在 $800 \sim 900℃$ 的还原气氛下，熟料中着色力强的三价铁还原为着色力弱的二价铁，提高熟料的白度。

⑥ 为了保证水泥的白度，石膏的白度必须比熟料的白度高，所以一般采用优质的纤维石膏。

（2）白水泥的白度及等级　国家标准对白色硅酸盐水泥的白度，分为四个等级，见表4-1。

表4-1　白水泥的白度及等级

等级	特级	一级	二级	三级
白度/%	≥86	≥84	≥80	≥75

白水泥具有强度高、色泽洁白、可以配制各种彩色砂浆及彩色涂料的特点，主要应用于建筑装饰工程的粉刷，制造具有艺术性和装饰性的白色、彩色混凝土装饰结构，制造各种颜色的水刷石、仿大理石及水磨石等制品，配制彩色水泥。

4.2.2　彩色水泥

（1）彩色水泥生产方法　彩色水泥生产方法有三种：

① 在普通白水泥熟料中加入无机或有机颜料共同进行磨细。常用的无机矿物颜料包括铅丹、铬绿、群青、普鲁士红等。在制造如红色、黑色或棕色等深色彩色水泥时，可在普通硅酸盐水泥中加入矿物颜料，而不一定用白水泥。

② 在白水泥生料中加入少量金属氧化物作为着色剂，烧成熟料后再进行磨细。

③ 将彩色物质以干式混合的方法掺入白水泥或其他硅酸盐水泥中进行磨细。

上述三种方法中，第一种方法生产的彩色水泥色彩较为均匀，颜色也浓；第二种方法生产的彩色水泥着色剂用量较少，也可用工业副产品作着色剂，成本较低，但彩色水泥色泽数量有限；第三种方法简单，色泽数量较多，但色彩不易均匀，颜料用量较大。

无论用上述哪一种方法生产彩色水泥，它们所用的着色剂必须满足以下要求：① 不溶于水，分散性好；② 耐候性好，耐光性达七级以上（耐光性共分为八级）；③ 抗碱性强，达到一级耐碱性（耐碱性共分为十级）；④ 着色力强，颜色浓（着色力是指颜料与水泥等胶凝材料混合后显现颜色深浅的能力）；⑤ 不含杂质；⑥ 不能导致水泥强度显著降低，也不能影响水泥的正常凝结硬化；⑦ 价格便宜。

从上述要求看，生产彩色水泥用的着色剂以无机颜料最适宜。彩色水泥经常使用的颜料掺入量与着色度关系密切，掺量越多，颜色越浓。除此以外，在相同混合条件下，颜料种类不同着色度也不同。如铁丹的粒径较细，所以着色效果也比较好，一般颜料的着色能力与其粒径的平方成反比。

（2）彩色水泥的应用　白水泥和彩色水泥主要用在建筑物内外表面的装饰。它既可配制成彩色水泥砂浆，用于建筑物的粉刷，又可配置彩色砂浆，制作具有一定装饰效果的各种水刷石、水磨石、水泥地面砖、人造大理石等。

① 配制彩色水泥浆　彩色水泥浆是以各种彩色水泥为基料，同时掺入适量氯化钙促凝早强剂和皮胶水胶料配制而成的刷浆材料。凡混凝土、砖石、水泥砂浆、混合砂浆、石棉板、纸筋灰等基层，均可使用。

彩色水泥浆的配置须分为头道浆和二道浆两种：头道浆按水灰比0.75，二道浆按水灰比0.65配制。刷浆前将基层用水充分湿润，先刷头道浆，待其有足够强度后再刷第二道浆。浆面初凝后，必须立即开始洒水养护，至少养护三天。为保证不发生脱粉及被雨水冲掉，还可在水泥色浆中加入占水泥质量1%～2%的无水氯化钙和占水泥质量7%的皮胶凝，以加速凝固，增强粘接力。

彩色水泥浆还可用白色水泥或普通水泥为主要胶结料，掺以适量的促凝剂、增塑剂、保水剂及颜料配制成水泥砂浆，其用途和上述彩色水泥浆相同。

② 配制彩色砂浆　彩色砂浆是以水泥砂浆、混合砂浆、白灰砂浆直接加入颜料配制而成，或以彩色水泥与砂配制而成。

彩色砂浆用于室外装饰，可以增加建筑物的美观。它呈现各种色彩、线条和花样，具有特殊的表面效果。有时为使表面获得闪光效果，可加入少量云母片、玻璃碎片或长石等。在沿海地区，也有在饰面砂浆中加入少量小贝壳，使表面产生银色闪光。集料颗粒可分别为1.2mm、2.5mm、5.0mm或10mm，有时也可用石屑代替砂石。彩色砂浆所用颜料必须具有耐碱、耐光、不溶的性质。彩色砂浆表面可进行各种艺术处理，制成水磨石、水刷石、剁斧石、拉假石、假面砖及拉毛、喷涂、滚涂、干黏石、喷黏石、拉条和人造大理石等。

③ 配制彩色混凝土 彩色混凝土是以粗骨料、细骨料、水泥、颜料和水按适当比例混合，拌制成混合物，经一定时间硬化而成的人造石材。混凝土的彩色效果主要是由颜料颗粒和水泥浆的固有颜色混合的结果。

彩色混凝土所使用的骨料，除一般骨料外还需使用昂贵的彩色骨料，宜采用白色或彩色大理石、石灰石、石英砂和各种颜色的石屑，但不能掺和其他杂质，以免影响其白度及色彩。彩色混凝土的装饰效果主要决定于其表面色泽的鲜美、均匀与经久不变。

采用如下方法，可有效地防止白霜的产生：骨料的粒度及配料调整合适；在满足要求的范围内尽可能减少用水量，施工时尽量使水泥砂浆或混凝土密实；掺用能够与白霜成分发生化学反应的物质（如混合材料、碳酸铵、丙烯酸钙），或者能够形成防水层的物质（如石蜡乳液）等外加剂；使用表面处理剂；少许白霜会明显污染深色彩色水泥的颜色，所以最好避免使用深色的彩色水泥；蒸汽养护能有效防止水泥制品初始白霜的产生。

4.3 石膏装饰材料

俗话说："建筑离不开水泥，装饰离不开石膏。"石膏是建筑装饰不可缺少和替代的优质材料。我国石膏储量为世界之冠，石膏在我国分布较广，云南有世界最大的石膏矿，西北、华北广大地区，也富产石膏，尤其以内蒙古、宁夏、山西石膏为佳。自然界存在的石膏为天然二水石膏（又称生石膏）、天然无水石膏、化学石膏，能为装饰所使用的主要是天然二水石膏。

4.3.1 石膏的基本知识

4.3.1.1 石膏的生产

生产石膏的主要原料是石膏矿，主要为含 $CaSO_4 \cdot 2H_2O$ 的天然石膏。石膏是一种硬性胶凝材料。它的生产通常是在不同压力和温度下煅烧、脱水、研磨而成的。同一种原料，在不同压力和温度下生产出来的石膏产品用途和性质也各不相同。

其化学反应式如下：

$$CaSO_4 \cdot 2H_2O \longrightarrow CaSO_4 \cdot \frac{1}{2}H_2O + \frac{3}{2}H_2O$$

在干燥条件下加热至 $107 \sim 170℃$ 时，生产出来的石膏称为β型半水石膏，即建筑石膏。在127kPa水蒸气压力下，加热到124℃时，生产出来的石膏称为α型高强石膏，其特点是用水量小，晶粒大，强度高。可做雕塑、石膏板等产品。将二水石膏和无水石膏混合煅烧生产出来的石膏称为粉刷石膏，是制作涂料的主要原料。

4.3.1.2 石膏的凝结硬化

石膏与水拌合后，会放出大量的热，这一过程称为石膏的水化。它能迅速凝结，一般情况下初凝在6min以上，凝结时间不大于30min。由于产生大量的热量，大部分的水被蒸发出去，很快成为人造石材。

4.3.1.3　石膏的特性及应用

① 凝结硬化快，可塑性极强。石膏在6～10min即开始初凝，塑性完成成型20～30min，产生强度，2h即可达到强度的一半，7h达到最大强度。针对石膏这一特性，为满足施工要求，控制其凝结硬化速度是非常重要的，可以加入一些添加剂，对其凝结硬化速度加以控制。

缓凝剂：木钙粉、0.1%～0.2%的动物胶、水乳性胶、硼砂、柠檬酸、纸浆废液、1%的酒精废液。据此，制造了专门黏结石膏。

速凝剂：经过试验表明，在石膏粉中加入少量二水石膏粉末，能加快石膏凝结硬化速度。这样既能够将废弃的石膏残品废物利用，又能够加快石膏的凝结硬化速度。

② 干燥后，体积轻微膨胀。石膏在凝结硬化后，会产生膨胀。膨胀率达0.5%～1.0%。因此，石膏经常会被用作嵌缝腻子使用，这也是石膏制品表面光滑、轮廓清晰、不会出现裂缝、装饰性好的主要原因。

③ 孔隙率大，体轻，保温、吸音性能好。一般情况下，在生产中石膏要加入60%～80%的水才能保证其必要的流动性，而水化本身只需要19%左右的水。大量的水在放热后被大量蒸发，在石膏制品内产生了许多水分蒸发后留下的孔隙。孔隙率达60%，其体积密度只有900kg/m^{3}左右。这就决定了石膏制品是良好的保温、隔热和吸音的装饰材料。

④ 具有较好的调节室温和湿度性能。多孔结构使石膏制品内部产生大量空隙，具有良好的保温隔热性能，比热容较大，能够调节室温。而大量的毛细孔对空气中的水蒸气有较强的吸收能力，当室内湿度较大时，石膏板吸湿，当室内干燥时，石膏板向室内散发湿气，对室内湿度有一定调节作用。

⑤ 防火性能好，耐火性差。石膏属防火材料，施工时对公共室内的吊顶有严格的防火要求，其中一条就是将石膏天花板和纸面石膏板吊顶作为主要的防火阻燃材料。但是，石膏在65%以上就开始脱水、分解，因此，不适用于高温部位使用。但是，正是石膏这种特点，决定了石膏不仅阻燃，而且在燃烧后能迅速分解成粉末，起到灭火作用。

⑥ 耐水性差。石膏制品怕水，它的软化系数只有0.2～0.3。较长时间在潮湿环境下，石膏制品容易变形，并降低强度。为了克服这个缺点，有时会加入防水剂，制作出防水石膏。

4.3.2　石膏装饰制品

石膏装饰制品主要有：石膏装饰板、纸面石膏板、石膏吸音板、石膏线角、花饰、造型、石膏保温板。

4.3.2.1　石膏装饰板

人们利用石膏较好的可塑性，采用翻模的办法，生产了大量用于天花板和墙面的装饰面板。随着石膏生产技术的不断改进，石膏质量有了明显的提高，越来越细，越来越白。通过注模方法，人们生产出了造型各异的装饰板。

（1）石膏几何图案天花板　石膏加入纤维生产出具有几何图案的天花板。产品规格有500mm×500mm，600mm×600mm。

（2）石膏装饰墙板　主要产品有：1200mm×1200mm粘贴式墙板、1830mm×600mm石膏波纹板以及尺寸不等的电视背景墙专用板；内墙用假面砖。这些石膏装饰板是由石膏加入纤维、纤维布，并配金属配筋制作而成。

（3）浅浮雕装饰板　将人物，特别是欧洲神话故事里的人物翻模制作的浮雕图，造价低，生产简单，内容繁多。

4.3.2.2　纸面石膏板

纸面石膏板是由上下两层牛皮纸，中间加入玻纤及胶，经蒸压烘干形成的轻质薄板。

（1）规格　普通石膏板宽度分为900mm、1200mm；长度分为1800mm、2100mm、2400mm、2700mm、3000mm、3600mm；厚度分为9mm、12mm、15mm、18mm、20mm。板材的棱边有矩形（代号PJ）、45°倒角形（代号PD）、茄形（代号PC）、半圆形（代号PB）、圆形（代号PY）五种。

（2）性质　普通石膏板具有可钉、可刨、可锯的良好加工性能。它可使用面积大，适合安装，施工速度快，工效高，劳动强度小。具有质轻、抗弯、抗冲击、防火、保温隔热、抗震，并具有较好的隔声性和可调节室内温度等特点。

（3）应用　纸面石膏板适用于办公楼、机关、学校、餐厅、酒店、候机楼、歌剧院、饭店住宅的墙面、吊顶、隔断、隔墙使用。它适用于干燥的室内装修，不适合厨房、卫生间等湿度大的地方。

普通纸面石膏板的表面要经过饰面处理才能使用，一般常采用贴壁纸、喷涂、滚涂以及镶嵌各种有机板、金属板、铝塑板、玻璃等方法处理。

4.3.2.3　石膏吸音板

石膏吸音板，又称矿棉吸音板。它是由石膏和矿棉组合而成的多孔吸音板，特点是质轻、吸音。常用于机关、学校、大型商场、宾馆以及演播室吸收噪声。

4.3.2.4　石膏线角、花饰、造型

石膏线角、花饰及室内的装饰构件已被广泛使用，它的生产主要是用石膏与玻璃纤维通过玻璃钢模具或聚氯乙烯塑料模具翻制而成。产品可分为以下几种。

① 石膏线条：阴线、阳线、花线。见图4-2。
② 角花：大阴角、小阴角、平花角线。见图4-3。
③ 灯盘。见图4-4。
④ 欧式构件：窗头构件、假壁炉构件、罗马柱构件、欧式浮雕墙面构件等，见图4-5。

4.3.2.5　石膏保温板

石膏保温板是由石膏加玻璃纤维、轻质骨料（膨胀珍珠岩、聚苯泡沫、海绵粒）以及配金属筋注模成型的一种新型墙体保温材料，被广泛应用于建筑的内外墙，一般厚度在50mm以上，是一种环保节能的优质保温材料。

4.3.2.6　吸声用穿孔石膏板

（1）定义　以装饰石膏板和纸面石膏板为基础材料，由穿孔石膏板、背覆材料、吸声材料及板中间的空气层等组合而成的石膏板材称为吸声用穿孔石膏板。

（2）用途和特点　吸声用穿孔石膏板主要用于室内吊顶和墙体的吸声结构中。在潮湿环境中使用或对耐火性能有较高要求时，则应采用相应的防潮、耐水或耐火基板。吸声用穿孔石膏板具有质轻、防火、隔声、隔热、抗振性能好，可用于调节室内湿度等特点，并有施工简便、施工效率高、劳动强度小、干法作业及加工性能好等特点。

（3）产品分类、规格　板材按棱边形状分直角型和倒角型两种。边长规格为500mm×500mm、600mm×600mm。厚度规格为9mm和12mm。

4.3.2.7　艺术装饰石膏制品

艺术装饰石膏制品主要是根据室内装饰设计的要求而加工制作的。制品主要包括浮雕艺术石膏线角、线板、花角、灯圈、壁炉、罗马柱、圆柱、方柱、麻花柱、灯座、花饰等。在色彩上，可利用优质建筑石膏本身洁白高雅的色彩，造型上可洋为中用，古为今用，大可将石膏这一传统材料赋予新的装饰内涵。艺术装饰石膏制品以优质建筑石膏粉为基料，配以纤维增强材料、胶黏剂等，与水搅拌制成均匀的料浆，浇注在具有各种造型、图案、花纹的模具内，经硬化、干燥、脱模而成。

（1）浮雕艺术石膏线角、线板、花角　浮雕艺术石膏线角、线板和花角具有表面光洁、颜色洁白高雅、花型和线条清晰、立体感强、尺寸稳定、强度高、无毒、防火、施工方便等优点，广泛用于高档宾馆、饭店、写字楼和居民住宅的吊顶装饰，是一种造价低廉、装饰效果好、调节室内湿度和防火的理想装饰装修材料，可直接用粘贴石膏腻子和螺钉进行固定安装。浮雕艺术石膏线角图案花型多样，其断面形状一般呈钝角形，也可不制成角状而制成平面板状，则称为浮雕艺术石膏线板或直线。石膏线角两边（或称翼缘）宽度有相等和不等的两种，翼宽尺寸多种，一般为120～300mm，翼厚为10～30mm，通常制成条状，每条长约2300mm。石膏线板的花纹图案较线角简单，其花型品种也有多种。石膏线板的宽度一般为50～150mm，厚度为15～25mm，每条长约1500mm。

（2）浮雕艺术石膏　灯圈作为一种良好的吊顶装饰材料，浮雕艺术石膏灯圈与灯饰作为一个整体，表现出相互烘托、相得益彰的装饰气氛。石膏灯圈外形一般加工成圆形板材，也可根据室内装饰设计要求和用户的喜好制作成椭圆形或花瓣型，其直径有500～1800mm等多种，板厚一般为10～30mm。室内吊顶装饰的各种吊挂灯或吸顶灯，配以浮雕艺术石膏灯圈，使人进入一种高雅美妙的装饰意境。

（3）装饰石膏柱、石膏壁炉装饰　石膏柱有罗马柱、麻花柱、圆柱、方柱等多种，柱上、下端分别配以浮雕艺术石膏柱头和柱基，柱高和周边尺寸由室内层高和面积大小而定。柱身上纵向浮雕条纹，可显得室内空间更加高大。在室内门厅、走道、墙壁等处设置装饰石膏柱，既丰富了室内的装饰层次，更给人一种欧式装饰艺术和风格的享受。装饰石膏壁炉更是增添了室内墙体的观赏性，使人置身于一种中西方文化和谐统一的艺术氛围之中，揉合精湛华丽的雕饰，达到美观、舒适与实用的效果。

（4）石膏花饰、壁挂　石膏花饰是按设计图案先制作阴模（软模），然后浇入石膏麻丝料浆成型，再经硬化、脱模、干燥而成的一种装饰板材，板厚一般为15～30mm。石膏花饰的花型图案、品种规格很多，表面可为石膏天然白色，也可以制成描金或象牙白色、暗红色、淡黄色等多种。用于建筑物室内顶棚或墙面装饰。建筑石膏还可以制作成浮雕壁挂，表面可涂饰不同色彩的涂料，也是室内装饰的新型艺术制品。

4.4 装饰绝热、吸音板

装饰绝热、吸音板的品种较多,这里主要介绍具有代表性的珍珠岩装饰吸音板和矿棉装饰吸音板。

4.4.1 膨胀珍珠岩装饰吸音板

(1)原料

① 建筑石膏品位为92%,白色,900孔筛余量3.5%。

② 膨胀珍珠岩起填料及改善板材声热性能。性能要求:容重80~90kg/m³,粒度>2.5mm的颗粒占11%,粒度<0.16mm的颗粒占2%,含水率0.5%。

③ 缓凝剂可用硼砂、柠檬酸等。

④ 防水剂采用无机工业废料。

⑤ 表面处理材料表面涂层由不饱和聚酯树脂及适量固化剂、促进剂等调制而成。此外,还有调色布纹用的颜料。

(2)生产工艺 生产的前一段与一般石膏板材相类似,脱模成基板后,再用聚酯树脂进行表面处理,处理方法与一般不饱和聚酯树脂的涂饰工艺相同。压制工序是比较特殊的工序,也是基材生产的关键,压力的大小、初压时间的迟早、保压时间的长短,直接关系到产品的质量。一般压力控制在8MPa左右,初压与恒压时间视材料的凝结情况而定。

(3)装饰吸音板的性能 装饰板的主要物理力学性能为:容重0.98g/cm³,光洁度87度,抗弯强度9.3MPa,表面硬度(HB)34,含水率2.4%,热导率0.17W/(m·K)。装饰板具有质轻、高强、隔音、防火等优良性能。由于采取了防水措施,也可作外墙装饰之用。

4.4.2 矿棉装饰吸声板

矿棉装饰吸声板是一种高级装饰材料。按其工艺不同有半干法矿棉吸声板与湿法矿棉吸声板,按表面加工方法不同有普通型、沟槽型、印刷型、浮雕型等四种类型的装饰板。其原料有:

① 矿棉是吸声板的基材,要求颜色为黄色或白色,太深则影响着色,渣球量应低于2%,容重小于0.24g/cm³。

② 粘接剂使用玉米淀粉或木薯淀粉,其糊化温度不同,白色无杂质。

③ 防水剂用石蜡制成的乳化液,浓度40%。

④ 增强剂石棉,有效纤维大于73%,纤维长度与直径比为200;聚丙烯酰胺,分子量30万单位,浓度15%。此外,必要时可加入防腐剂、固着剂等。

矿棉装饰吸声板具有吸音、防火、隔热的综合性能,而且可制成各种色彩的图案与立体形表面,是一种室内高级装饰材料。

(1)珍珠岩植物复合板

① 原料。稻草、稻壳、麦秸、玉米棒、高粱秸、麻秆、麻屑、葵花秆、葵花壳、花生壳、棉秆、芦苇、毛竹、甘蔗渣、茅草等一年生植物的秸、秆、草。其中珍珠岩尾矿珍珠岩矿石经

破碎筛分后80目以上的废弃物，一般占原矿量的30%。胶结料分有机、无机两大类。可采用树脂、废旧塑料、水玻璃、氧化镁、石膏、石灰、水泥、粉煤灰等。其他添加剂可加增水剂、阻燃剂、防霉剂、防老化剂，根据不同需要加入。

② 性能与应用。珍珠岩植物复合板具有防火、防水、防霉、防蛀、吸音、隔热、装饰性强、可锯、可钉等性能，可用作内外墙板、天花板、地板、门板、框架建筑挂板、组合式轻体多能商品房、车船用板等。

（2）矿渣石膏装饰板

石膏是气硬性胶凝材料，抗水性能较差，掺合一定比例其他无机矿物质，可以提高石膏硬化体的抗水性，其物理性能提高。

① 原料　包括半水石膏氟石膏煅烧产品，其细度900孔/cm^2筛余量为15%左右，石灰用磨细生石灰，细度4900孔/cm^2筛余量为15%左右，纸浆纤维水泥包装纸或其他木浆纤维，水浸湿清除绳线、杂草等，打成浆体后使用。

② 矿渣石膏装饰板与其他两种石膏板材性能比较。矿渣石膏装饰板的特点是防水性较好，受潮受湿状态下的强度较好，故可用于比较潮湿的装饰部位。

05
Chapter

第5章
装饰织物及其施工方法

室内装饰织物包括地毯、窗帘、壁挂、沙发靠垫等。织物具有独特的触感，柔软舒适的特殊性能可以塑造出独特的温暖感觉。当代织物已经渗透到室内设计的各个方面，对室内气氛的烘托起到很大作用。

5.1　地毯

地毯是一种高级地面装饰品，有着悠久的历史。现存最古老的绒毯是从公元前5世纪以前的斯基泰人王族的古坟中出土品。其后的绒毯主要以中亚为中心，并逐渐传到印度、中国、波斯等。它具有保温性好、吸声性好、有适度的弹性、步行性好、防火挡风、富有装饰性、耐久节能等特点，广泛应用于高级宾馆、会议大厅、办公室、会客室和家庭地面装饰。

5.1.1　地毯的分类

地毯品种繁多。一般按照其图案、材质、编制工艺及规格尺寸进行分类。如图5-1为各种地毯。

5.1.1.1　按编织工艺分

（1）手工编织地毯　手工编织专用于羊毛地毯（见图5-2）。它采用双经双纬，通过人工打结栽绒，将绒毛层与基底一起编织而成，做工精细，质地高雅，图案色彩多姿，是地毯中的高档产品。手工编织地毯劳动效率低，成本高，所以价格昂贵，一般用在高级房间和豪华的场合。手工打结栽绒羊毛地毯根据一英尺宽的经（纬）根数，将产品分为90道，100道，110道……150道等，道数越多，地毯越密，质量越好。手工编织地毯的打结方法有两种：一种是八字结也称波斯结，另一种是马蹄结又称土耳其结。

图5-1　各种地毯

图5-2　手工编织地毯

（2）无纺地毯　无纺地毯是指无经纬编织的短毛地毯，也是生产化纤地毯的方法之一。它是将绒毛线用特殊的钩针扎刺在用合成纤维构成的网布底衬上，然后在其背面涂上胶层，使之粘牢，故其又有针刺地毯、针扎地毯或粘合地毯之称。这种地毯因生产工艺简单，所以成本低廉，弹性和耐久性均较差，为地毯中的低档产品。为提高其强度和弹性，可在毯底加缝或粘贴一层麻布底衬，也可加贴一层海绵底衬。

无纺生产方式不仅用于化纤地毯生产，也可用于羊毛地毯生产，近年来我国就用此方法生产出了纯羊毛无纺地毯。

（3）簇绒地毯　簇绒地毯又称栽绒地毯。簇绒地毯生产效率高，是目前市场销售量最多的地毯品种。它是通过带有一排往复式穿针的纺机，把毛纺纱穿入第一层基层（初级衬背织布），并在其面上将毛纺纱穿插成毛圈而背面拉紧，然后在初级背衬的背面刷一层胶使之固定，于是就织成了厚实的圈绒地毯。若再用锋利的刀片横向切割毛圈顶部，并经修剪则成为平绒地毯，也称为割绒地毯或切绒地毯。

圈绒的高度一般为5～10mm，平绒绒毛的高度多为7～10mm。同时毯绒纤维密度大，因而弹性好，脚感舒适，且在毯面上可印染各种图案花纹。

5.1.1.2 按材质分

（1）纯毛地毯 纯毛地毯主要原料为粗绵羊毛。纯羊毛地毯根据织造方式不同，一般分为手织、机织、无纺等品种。羊毛地毯因具有质地柔软、耐用、保暖、吸音、柔软舒适、弹性好、拉力强、光泽足、质感突出、富丽堂皇等优点而深受人们的喜爱。但纯毛地毯价格较高，易蛀虫、易长霉而影响了使用，室内装饰一般选用小块，而档次较高的建筑如星级酒店则选择室内空间满铺的形式，以衬出高贵华丽的气氛。

（2）化纤地毯 化纤地毯是以化学纤维为主要原料制成。化纤地毯的出现弥补了纯毛地毯价格高、易磨损的缺陷。其种类较多，如聚丙烯纤维（丙纶）、聚丙烯腈纤维（腈纶）、聚酯纤维（涤纶）、尼龙纤维（锦纶）地毯等。化纤地毯一般由面层、防松层和背衬三部分组成。面层以中、长簇绒制作。防松层以氯乙烯共聚乳液为基料，添加增塑剂、增稠剂和填充料，以增强绒面纤维的固着力。背衬是用胶黏剂与麻布黏结胶合而成。

化纤地毯中的锦纶地毯耐磨性好，易清洗、不腐蚀、不虫蛀、不霉变，但易变形，易产生静电，遇火会局部溶解；涤纶地毯耐磨性仅次于锦纶，耐热、耐晒、不霉变、不虫蛀，但染色困难；丙纶地毯质轻、弹性好、强度高，原料丰富，生产成本低；腈纶地毯柔软、保暖、弹性好，在低伸长范围内的弹性回复力接近于羊毛，比羊毛质轻，不霉变、不腐蚀、不虫蛀，缺点是耐磨性差。

化纤地毯外观与手感类似羊毛地毯，具有吸声、保温、耐磨、抗虫蛀等优点，但弹性较差，脚感较硬，易吸尘积尘。化纤地毯价格较低，能为大多数消费者所接受。

（3）混纺地毯 混纺地毯品种很多，常以纯毛纤维和各种合成纤维混纺。混纺地毯结合纯羊毛地毯和化纤地毯两者的优点，在羊毛纤维中加入化学纤维制成。如加入20%的尼龙纤维，地毯的耐磨性能比纯毛地毯高出五倍；同时克服了纤维地毯静电吸尘的缺点，也可克服纯毛地毯易腐蚀等缺点。它具有保温、耐磨、抗虫蛀、强度高等优点，弹性、脚感比化纤地毯好，价格适中，得到了不少消费者的青睐。

（4）剑麻地毯 剑麻地毯以剑麻纤维为原料，经纺纱、编织、涂胶、硫化等工序制成。产品分素色和染色两种，有斜纹、鱼骨纹、帆布平纹、多米诺纹等多种花色。幅宽4m以下，卷长50m以下，可按需要裁割。其价格比羊毛地毯低，但弹性较差。具有抗压、耐磨、耐酸碱、无静电等优点。

剑麻地毯属于地毯中的绿色产品，可用清水直接冲刷，其污渍很容易清除；同时不会释放化学成分，能长期散发出天然植物特别的清香，可带来愉悦的感受。如赤足走在上面，还有舒筋活血的功效。剑麻地毯还具有耐腐蚀、耐酸碱等特性，如有烟头类火种落下时，不会因燃烧而形成明显痕迹。剑麻地毯相对使用寿命较长。目前这类地毯虽然售价较高，但仍然受到很多消费者的欢迎。

5.1.1.3 按图案类型分

手工羊毛地毯按装饰花纹图案可分为北京式地毯、美术式地毯、彩花式地毯、仿古式地毯和素凸式地毯。

（1）北京式地毯 北京式地毯具有浓郁的中国传统艺术特色，多选用我国古典图案为素材，如龙、凤、福、寿、宝相花、回纹等，并吸收织锦、刺绣、建筑等姐妹艺术的特点，构成寓意吉祥美好、富有情趣的画面。北京式地毯的构图为规矩对称的格律式，结构严谨，一般具有奎龙、枝花、角云、大边、小边、外边的常规形式。地毯中心为一圆形图案，称为"奎龙"，周围点缀折纸花草，四周有角花，并围以数道宽窄相间的花边，形成主次有序的多层次布局。

北京式地毯的色彩古朴浑厚，常用蓝、暗绿、绛红、驼色、月白等色。

（2）美术式地毯　美术式地毯以写实与变化的花草如月季、玫瑰、卷草、螺旋纹等为素材；构图也是对称平稳的格律式。地毯中心常由一簇花卉构成椭圆形的图案，四周安排数层花环，外围毯边为两道或三道边锦纹样，给人以繁花似锦的感觉。

（3）彩花式地毯　彩花式地毯以自然写实的花枝、花簇如牡丹、菊花等为素材，运用国画的折纸手法做散点处理，自由均衡布局，没有外围边花。彩花式地毯构图灵活，富于变化，有时花繁叶茂，有时配以小花图案，浮现百花齐放的情趣。

（4）仿古式地毯　仿古式地毯主要以古代的古纹图案、风景、花鸟为题材，表现古朴典雅的情趣。

（5）素凸式地毯　素凸式地毯是一种花纹凸出的素色地毯，花纹与毯面同色，经过片剪后，花朵如同浮雕一般凸起，如图5-3所示。采用自由灵活的均衡格局，多呈对角放置，互为呼应。素凸式地毯花形立体层次感强，素雅大方，适宜多种环境铺设，是目前我国使用较广泛的一种地毯。

图5-3　素凸式地毯

5.1.2　地毯的功能

5.1.2.1　美化生活环境

由于地毯具有丰富的图案与色彩，室内铺上地毯后，与家具、四壁以及其他装饰器材一起，构成一幅和谐、协调和舒适的图画，能给人有一个良好的心态。人处于居室之中有舒畅、轻松的感觉，在办公室里则又有清新、优雅、整齐的心情。在学校、医院或其他公共场所，使人觉得有肃穆、平静和安宁的气氛。如图5-4所示。

图5-4 美化生活环境

5.1.2.2 吸音和隔音

地毯的丰厚质地与毛绒簇立的表面具备良好的吸音效果，并能适当降低噪声影响。由于地毯吸收音响后，减少了声音的多次反射，从而改善了听音清晰程度，故室内的收录音机等音响设备，其音乐效果更为丰满悦耳。此外，在室内走动时的脚步声也会消失，减少了周围杂乱的音响干扰，有利于形成一个宁静的居室环境。

5.1.2.3 保暖、调节功能

地毯织物大多由保温性能良好的各种纤维织成，大面积地铺垫地毯可以减少室内通过地面散失的热量，阻断地面寒气的侵袭，使人感到温暖舒适。测试表明，在装有暖气的房内铺以地毯后，保暖值将比不铺地毯时增加12%左右。

地毯织物纤维之间的空隙具有良好的调节空气湿度的功能，当室内湿度较高时，它能吸收水分；室内较干燥时，空隙中的水分又会释放出来，使室内湿度得到一定的调节平衡，令人舒爽怡然。

5.1.2.4 安全功能

在地毯上行走，不易打滑摔跌，即使跌倒了也不易受伤，同时易碎物品摔倒时，也可防止或减轻破损程度。

5.1.2.5 舒适功能

步行在地毯上或在地毯底下再铺垫软性衬垫物质时，使人觉得舒畅悠闲，减少疲劳。不会出现硬质地面与硬质鞋底的频频碰击产生的震感。如图5-5所示。

图5-5 地毯的舒适功能

5.1.3 地毯的选用

① 我国实行强制标签制，要求标注产品商标，产品名称，毯面纤维名称和含量，耐燃性，执行标准号，产品质量等级，有害物质限量等级，生产日期，特殊性能等指标。

② 毯基上单位面积绒头质量（g/m^2）：地毯的绒头质量越高，绒头密度越大，弹性越好，越耐踩踏，该毯舒适耐用。

③ 耐燃性：通过燃烧性能等级测试。

④ 地毯的内在质量和外观质量：外观质量是观察其颜色是否均匀，花型是否正确，毯面是否平整，有无破损以及毯背粘合是否牢固等；内在质量主要看织造是否整齐，有无断经、断纬等缺陷。

5.1.4 地毯的施工

5.1.4.1 地毯铺贴的施工准备

① 地毯 地毯的规格与种类繁多，色彩与图案也很为丰富，选用适宜的地毯品种，需要

设计与施工各方面的综合考虑。在一般情况下，要根据铺设部位、使用要求以及装饰的等级进行综合平衡。选择得当，不仅可以更好地满足地毯装饰的使用功能，同时也能够延长地毯的使用寿命。

② 垫料　对于无底垫的地毯，如若采用倒刺板固定铺设，应准备垫料，一般为海绵波纹衬底垫料，也有的用杂毛毡垫。

③ 地毯胶黏剂　地毯在固定铺设时需用胶黏剂的有两处，一处是地毯与地面黏结时用，另一处是地毯与地毯连接拼缝用。房间内多用于长边拼缝连接，走廊多用于端头拼缝连接。施工用胶黏剂是采用天然乳胶添加增稠剂，防霉剂配制而成，它无毒、不霉、快干，半小时内便有足够的黏结强度，但又便于撕下而不留痕迹，施工使用较为简便。

④ 倒刺钉板条　倒刺钉板条为地毯固定件，或称作倒刺板，一般采用三夹板（三合板）。可以购买成品，也可现场制作。板条尺寸一般为6mm×24mm×1200mm，板上有两排斜向铁钉，为钩挂地毯之用，并有九枚高强钢钉（以打入水泥地面起固定作用），钢钉间距35～40mm。

⑤ 铝合金收口条　铝合金收口条或称铝合金倒刺条，用于地毯端头露明处，以防止地毯外露毛边，同时也起固定作用。其中"L"形铝合金收口条，多用于地面有高低差的部位，如室内卫生间或厨房地面，由于排水的原因，一般均低于室内房间地面20mm左右，在这样的两种地面交接处，地毯的收口即可使用"L"形铝合金收口条。而室内地面地毯与外门口或其他材料地面相接的分隔处，则适宜选用铝合金倒刺条，起到地毯的固定与收口双重作用。

5.1.4.2　常用的机具

常用的施工机具主要有裁毯刀、裁边机、地毯撑子、扁铲、墩拐、电熨斗等。

（1）裁毯刀　有手推裁刀与手握裁刀两种。前者用于铺设操作时少量裁切，后者用于施工前大批量下料裁剪。

（2）裁边机　用于现场施工裁边，高速转动，以3m/min的速度向前推进。这种裁边机使用方便，而又不使地毯边缘处的纤维硬结以致影响地毯的拼缝。

（3）地毯撑子（见图5-6）用于地毯的伸拉，有大小两种。大撑子用于房间内大面积铺毯，操作时，通过可伸缩的杠杆撑头及铰接承脚将地毯张拉平整，撑头与承脚之间可以任意接装连接管，以适应房间尺寸，使承脚顶住对面墙。小撑子用于墙角或操作面狭窄处，操作者用膝盖顶住撑子尾部的空心橡胶垫，两手自由操作。地毯撑子的扒齿长短可调，以适应不同厚度的地毯材料，不用时将扒齿缩回以免伤人。

图5-6　地毯撑子

（4）扁铲　主要用于墙角处或踢脚板下的地毯掩边。

（5）墩拐　钉倒刺板条时，如若遇到障碍物，不能直接用锤头敲击、拐垫砸。可用此墩拐垫砸。

5.1.4.3　施工工艺流程

地毯是一种质地比较柔软的地面装饰材料，大多数地毯材料都比较轻，将其平铺于地面

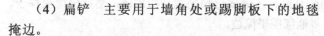

时，由于受到行人活动等的外力作用，往往容易发生表面变形，甚至将地毯卷起，因此常采用固定式铺设。地毯固定式铺设的方法有两种：一种是在地毯四周用倒刺板固定地毯；另一种是用胶黏剂直接将地毯黏结在地面上。

（1）地毯倒刺板固定方法　基层处理→量尺→弹线定位→地毯剪裁→钉倒刺板挂毯条→铺设垫层→铺设地毯→固定→清扫地毯。

① 基层处理　铺设地毯的基层要求是比较高的，如果基层处理不符合要求很容易造成对地毯的伤害。一般要求基层平整，光滑，洁净。如果有油污，须用丙酮或松节油擦净。如有高低不平，须用107胶水泥砂浆填平。铺设地毯的基层要求有一定的强度，基层表面含水率小于8%，表面平整偏差小于4mm。

② 量尺　测量房间尺寸要精确，长宽净尺寸即为裁毯下料的依据，要按房间和用毯型号逐一填写登记表。

③ 弹线定位　应严格按图纸要求对不同部位进行弹线，分隔。若图纸无明确要求，应对称找中弹线，以便定位铺设。

④ 地毯剪裁　首先要精确测量房间的尺寸并按房间和所用地毯型号逐一登记编号。地毯的下料裁切应在专用的工作平台上进行。根据房间的尺寸形状裁下地毯料，每段地毯的长度要比房间的长度长2cm左右，宽度要以裁去地毯边缘线后的尺寸计算。弹线裁去地毯的边缘部分，然后按量尺尺寸以手推裁刀从毯背裁切，裁完后卷好编号备用，大面积房厅应在施工地点剪裁拼缝。

⑤ 钉倒刺板挂毯条　沿房间或走道四周踢脚板边缘，用高强水泥钉将倒刺板钉在基层上（钉朝向墙的方向），其间距约40cm。倒刺板应离开踢脚板面8～10mm，以便于钉牢倒刺板。

⑥ 铺设垫层　将衬垫采用点粘法刷107胶或聚醋酸乙烯乳胶，粘在地面基层上，要离开倒刺板10mm左右。衬垫一般采用海绵波纹衬底垫料，也有用杂毯毡垫。

⑦ 铺设地毯　首先缝合地毯，缝合的方法是将地毯两端对齐，然后从中间往两端用直针缝合，背面缝完后在缝合处刷5～6cm宽白胶再贴上牛皮纸。

a.缝合地毯：将地毯两端对齐，然后从中间往两端用直针缝合，背面缝完后在缝合处刷5～6cm宽白胶，再贴上牛皮纸，保护接缝处不被划破或勾起，然后将地毯平铺，用弯针在接缝处做绒毛密实的缝合。

b.位伸与固定地毯：先将毯的一条长边固定在倒刺板上，毛边掩到踢脚板下，用地毯撑子拉伸地毯。拉伸时，用手压住地毯撑，用膝撞击地毯撑，从一边一步一步推向另一边。如一遍未能拉平，应重复拉伸，直至拉平为止。然后将地毯固定在另一条倒刺板上，掩好毛边。长出的地毯，用裁割刀割掉。一个方向拉伸完毕，再进行另一个方向的拉伸，直至四个边都固定在倒刺板上。

c.铺粘地毯时，先在房间一边涂刷胶黏剂后，铺放已预先裁割的地毯，然后用地毯撑子，向两边撑拉；再沿墙边刷两条胶黏剂，将地毯压平掩边。

⑧ 清扫地毯　地毯刚铺设完毕，表面往往会有不少脱落的绒毛，待收口条固定后，需用吸尘器清扫一遍。铺设后的地毯，在交工前应禁止行人大量走动，否则会加重清理工作量。

（2）胶黏剂固定方法　用胶黏剂粘贴固定地毯，一般不需要放垫层，只需将胶直接涂刷在基层上，然后将地毯固定在基层上。涂刷胶黏剂的做法有两种：一是局部刷胶，二是满刷胶。人不常走动的部位宜用局部刷胶；在人活动频繁的公共场所，地毯的铺贴固定宜用满刷胶。刷胶在基层上，稍候片刻便可铺贴地毯。铺设的方法视房间尺寸而定。如果是面积不大的房间地毯，将地毯裁割完毕后，在地面中间刷一块小面积的胶，然后将地毯铺放，再用地毯撑子往四边撑拉，并在墙四边的地面上涂刷12～15cm宽的胶黏剂，使地毯与地面粘贴牢固。如果是面积狭长的走廊或走道等处的地面铺设，宜从一端铺向另一端，为了加强地毯与地面的黏结，可以采用逐段固定、逐段铺放的方法。其两侧长边在离边缘2cm处将地毯固定，纵向每隔2m将地毯与地面固定。

5.1.4.4　地毯的活动式铺设

活动式铺设，是指将地毯明摆浮搁在地面基层上，不需将地毯同基层固定的一种铺设形式。此种铺设方法简单，更换容易，但其应用范围有一定局限性，一般适用于下列几种情况。

① 装饰性的工艺地毯。装饰性工艺地毯多为手工编织而成，其铺设的目的则主要是为了装饰的作用，所以大都明摆浮搁于较醒目的部位。如豪华宾馆的客房，比较讲究的客厅等标准较高的建筑内部，在满铺地毯的上面，再放置一块艺术地毯，起到美化与烘托作用，以显示豪华气派，增加地面的装饰效果。此类地毯的铺设，主要是为了装饰，地毯作为装饰品，可以随意更换，甚至可以在使用时将地毯铺开，而不用时即刻撤走。

② 在人的活动不是很频繁的地方，或墙的四周有较多重物压住的地方，可以考虑不将地毯固定而采用活动式铺设。

③ 方块地毯，一般不需任何固定，只是平放于基层之上。方块地毯的基底比较厚，地毯重量较大。较重的地毯，在人行其上时不易卷起，同时，也能加大地毯与基层之间的滞性。方块地毯的铺设方式是一块靠一块，互相严密挤紧，当受到人行走所产生的外力时，非但不会使地毯卷起，反而会促使地毯块与块之间更加密实。

5.1.4.5　质量标准

① 各种地毯的材质、规格、技术指标必须符合设计要求和施工规范规定。
② 地毯与基层固定必须牢固，无卷边、翻起现象。
③ 地毯表面平整，无打皱、鼓包现象。
④ 拼缝平整、密实，在视线范围内不显拼缝。
⑤ 地毯与其他地面的收口或交接处应顺直。
⑥ 地毯的绒毛应理顺，表面洁净，无油污物等。

5.2　壁毯

壁毯又名挂毯，是一种供人们欣赏的室内墙挂艺术品。它有吸声、吸热等实际作用，又能以特有的质感与纹理给人以亲切感。采用壁毯装点室内墙壁，可以增加室内安逸平和的气氛，还能反映其性格特征和主人的审美情趣。挂毯可以改善室内空间感，使用艺术挂毯装饰室内可以收到良好的艺术效果，给人以美的享受，深受人们青睐和欢迎。

挂毯的生产一般是采用高级纯毛地毯的制作方法进行编织。挂毯的规格各异，大的可达上百平方米，小的则不足一平方米。挂毯的图案题材十分广泛，从油画、国画、水彩画到一些成功的摄影作品，都可以作为表现的题材。

5.3 壁纸与墙布

壁纸与墙布（见图5-7）是现代室内装饰材料的重要组成部分，其原料可以是丝、羊毛、棉、麻、化纤等，也可以是草、树叶等天然材料。它们具有良好的吸声、隔声、保温盒防菌等多种功能，且施工及更新极为方便简易，应用较为广泛。

图5-7　壁纸与墙布

5.3.1 壁纸

5.3.1.1 壁纸的分类

（1）按材料分类

① 塑料壁纸（见图5-8）　以聚氯乙烯塑料薄膜为面层，以优质木浆纸为基层，在纸上涂布或压一层塑料，经印刷、压花、发泡等工序加工而成。这是目前市面上常见的壁纸，简称PVC塑料壁纸。塑料壁纸通常分为：普通壁纸、发泡壁纸等。每一类又分若干品种，每一品种再分为各式各样的花色。普通壁纸用$80g/m^2$的纸作基材，涂塑$100g/m^2$左右的PVC糊状树脂，再经印花、压花而成。这种壁纸常分作平光印花、有光印花、单色压花、印花压花几种类型。塑料壁纸有一定的抗拉强度，耐湿，有伸缩性，韧性、耐磨性好，吸声隔热，可擦洗，立体感强，施工方便。

(a)　　　　　　　　　　　　　　(b)

(c)　　　　　　　　　　　　　　(d)

图5-8　塑料壁纸

塑料壁纸有幅宽530～600mm，长10～12m，每卷面积为5～6m²的窄幅小卷；幅宽760～900mm，长25～50m，每卷面积为20～45m²的中幅中卷；幅宽920～1200mm，长50m，每卷面积46～90m²的宽幅大卷。

② 发泡壁纸　发泡壁纸用100g/m²的纸作基材，涂塑300～400g/m²掺有发泡剂的PVC糊状树脂，印花后再发泡而成。这类壁纸比普通壁纸显得厚实、松软。其中高发泡壁纸表面呈富有弹性的凹凸状；低发泡壁纸是在发泡平面上印有花纹图案，形如浮雕、木纹、瓷砖等效果。

③ 纯纸壁纸　主要由草、树皮等及现代高档新型天然加强木浆（含10%的木纤维丝）加工而成，花色自然、大方、纯朴，粘贴技术简易，不易翘边、起泡、无异味、环保性能高，透气性强，为欧洲儿童房间指定专用型壁纸，尤其是现代新型加强木浆壁纸更有耐擦洗、防静电、不吸尘等特点。

④ 天然效果壁纸　它是用草、木材、树叶等制成面层的墙纸，风格古朴自然，素雅大方，生活气息浓厚，给人以返璞归真的感受。

⑤ 木纤维壁纸　此种壁纸性能优越，克服了很多壁纸的不足，为经典、实用型高档壁纸。由北欧特殊树种中提取的木质精纤维丝面或聚酯合成，采用亚光型色料（鲜花、亚麻提取），柔和自然，易与家具搭配，花色品种繁多；对人体没有任何化学侵害，透气性能良好，墙面的湿气、潮气都可透过壁纸；长期使用，不会有憋气的感觉，也就是我们常说的"会呼吸的壁纸"，是健康家居的首选。它经久耐用，可用水擦洗，更可以用刷子清洗。抗拉扯效果优于普通壁纸8～10倍。防霉、防潮、防蛀，使用寿命是普通壁纸的2～3倍。

⑥ 金属壁纸　这种金属壁纸是将金、银、铜、锡、铝等金属，经特殊处理后，制成薄片

贴饰于壁纸表面，给人金碧辉煌、富丽堂皇的感受。特点是无气味，无静电，耐湿，耐晒，可擦洗，不褪色。适用于高级宾馆，酒楼，饭店，餐厅灯的墙面，柱面，顶棚装饰，是一种高档裱糊饰面材料。

（2）按花色和款式分类

① 工程壁纸 工程壁纸是针对花样壁纸而言的，是指普遍应用于公共空间的素色壁纸，大部分颜色清淡，无明显的图案，光滑平整，有少许的几何线条和压印的肌理。

② 商业壁纸 商业壁纸是针对民用壁纸而言的。当供商业空间使用时，壁纸的最佳宽度为132mm（住宅宽度为50mm），宽度更宽的壁纸适用于厨房、浴室和设备空间等壁纸接缝尽量少的地方。

③ 风景壁纸 风景壁纸是将风景和油画的图画经摄影放大印刷而成的，这种壁纸用于整面墙的铺贴，在视觉上有产生开阔空间的感觉。

④ 儿童壁纸 儿童壁纸主要针对儿童喜闻乐见的题材，如卡通人物、儿童画、各种动植物等。一般色彩鲜艳，适用于儿童房间。

（3）按用途分类

① 防水壁纸 用玻璃纤维做基层材料，具有防潮防水的功能，适合卫生间、浴室等墙面使用。

② 防火壁纸 用石棉做基层材料，面层以掺入阻燃剂的PVC制作，使墙纸具有一定的阻燃性能。

③ 防霉壁纸 在聚氯乙烯树脂中加入防霉剂，使壁纸具有防霉功能，适合在潮湿的地方使用。

④ 防结露壁纸 树脂层上带有许多细小的微孔，可防止结露，即使产生结露现象，也只会整体潮湿，不会在墙面上形成水滴。

5.3.1.2 壁纸产品的标志符号

壁纸产品的标志符号见表5-1。

表5-1 壁纸产品的标志符号

序号	性质		符号	序号	性质	符号
1	黏结剂可拭性			9	随意拼接	
2	可洗性	可洗		10	图案拼接	直接拼接	
3		特别可洗		11		错位拼接	
4		可刷洗		12			
5	将黏结剂涂敷于壁纸上			13		换向交替拼接	
6				14			
7	表面层和底层可以分开			15	耐光性	一般耐光3级	
8				16		耐光良好≥4级	

5.3.2 墙布

壁布表层材料的基材多为天然物质，无论是提花壁布、纱线壁布，还是无纺布壁布、浮雕壁布，经过特殊处理的表面，其质地都较柔软舒适，而且纹理更加自然，色彩也更显柔和，极具艺术效果，给人一种温馨的感觉。壁布不仅有着与壁纸一样的环保特性，而且更新也很简便，并具有更强的吸音、隔音性能，还可防火、防霉、防蛀，也非常耐擦洗。壁布本身的柔韧性、无毒、无味等特点，使其既适合铺装在人多热闹的客厅或餐厅，也更适合铺装在儿童房或有老人的居室里。

5.3.2.1 墙布的分类

（1）纺织墙布　用丝、毛、棉、麻、纤维等织成面层，以纱布或纸为基材，压合而成。具有质感柔和、高雅、无味、无毒、无静电、耐磨、耐晒、不退色的特点。

（2）无纺贴墙布　采用棉、麻等天然纤维或涤纶、腈纶等合成纤维，经过无妨成型、树脂涂装、花纹印刷等工艺加工而成。特点是富有弹性，挺括，不易折断，耐老化，色彩鲜艳，具有一定的透气性，可擦洗施工方便。无纺贴墙布适用于各种建筑物的内墙装饰，是一种新型的高档饰面装饰材料。

（3）玻璃纤维墙布　以玻璃纤维布为基材，表面涂以耐磨树脂，印上彩色图案而成。特点是色彩鲜艳，具有布纹质感，耐擦洗，耐酸碱，防潮，防火，阻燃，不褪色，价格低廉，施工简单，粘贴方便。适用于宾馆、饭店、民用住宅等室内墙面装饰，尤其适用于室内卫生间、浴室等墙面的装贴。在使用中应防止硬物与墙面发生摩擦，表面树脂涂层一旦磨损破碎时，有少量的玻璃纤维散落，需要注意保养。

（4）化纤墙布　化纤墙布是以涤纶、腈纶、丙纶等化纤布为基材，经一定处理后印花而成。特点是无毒无味、透气、防潮、耐磨、无分层，适用于宾馆、饭店、办公室、会议室及民用住宅的内墙装饰。

5.3.2.2 壁纸墙布的规格尺寸

壁纸墙布的规格尺寸见表5-2.

表5-2　壁纸墙布的规格尺寸

产品名称	规格尺寸
PVC塑料壁纸	宽530mm、长10m/卷
织物壁纸	宽530mm、长10m/卷
金属壁纸	宽530mm、长10m/卷
纯纸壁纸	宽530mm、长10m/卷
玻璃纤维墙布	宽530mm、长17m或33.5m/卷
化纤墙布	宽820～840mm、长50m/卷
涤纶无纺贴墙布	宽850～900mm、长50m/卷

5.3.3　墙面装饰织物的施工

墙面装饰织物的施工简称"裱糊工程"，是指在室内平整光洁的墙面、顶棚面、柱体面和室内其他构件表面，用壁纸、墙布等材料进行裱糊的装饰工程。

5.3.3.1　常用的胶黏剂与机具

（1）胶黏剂

① 一般要求

a.裱糊应用水溶性胶黏剂，胶黏剂应和基层、壁纸都有良好的粘接力。

b.裱糊胶黏剂干燥后具有一定柔性，以适应基层和壁纸、墙布因温度变化产生的伸缩。

c.裱糊胶黏剂应具备防潮、防霉性能，裱糊防水、防火壁纸时，还应具有耐水、防火性能。

② 选用和调制　胶黏剂分成品胶黏剂和现场调制胶黏剂。

用于壁纸、墙布裱糊的成品胶黏剂，按其基料不同可分为聚乙烯醇，纤维素醚及其衍生物，聚醋酸乙烯乳液和淀粉及其改性聚合物等；按其物理形态不同可分为粉状、糊状和液状三种（见表5-3）；按其用途不同可分为适用于普通纸基壁纸裱糊的胶黏剂和适用于各种基底和材质的壁纸墙布裱糊的胶黏剂。

表5-3　成品胶黏剂的类别及其应用

形态类别	主要粘料	分类代号		现场调用
		第1类	第2类	
粉状胶	一般为改性聚乙烯醇，纤维素及其衍生物等	1F	2F	根据产品使用说明将胶粉缓慢撒入定量清水中，边撒边搅拌或静置陈放后搅拌，使之溶解直至均匀无团块
糊状胶	淀粉类及其改性胶等	1H	2H	按产品使用说明直接施用或用清水稀释搅拌至均匀无团块
液体胶	聚醋酸乙烯，聚乙烯醇及其改性胶等	1Y	2Y	按产品使用说明

根据国家标准《胶黏剂产品包装、标志、运输和贮存的规定》（HG/T 3075—2003），成品胶黏剂在其标志中应注明产品标记和黏料，选用时可明确鉴别。成品胶的储存温度一般为5～30℃，有效储存期通常为3个月，但不同生产厂家的不同产品会有一定差别，选用时应注意具体产品的使用说明。

现场调制胶黏剂通常用白乳胶、纤维素、801胶等与水按一定比例调制而成。现场调胶应过筛除杂质，当日调制当日用完，并用非金属容器盛装。

（2）常用机具

① 活动裁纸刀　刀片可伸缩，多节，用钝后可截去，使用较为方便。如图5-9所示。

② 刮板　用于刮、抹、压平壁纸。可用薄钢片、塑料板或防火胶板自制，要求有较好的弹性且不能有尖锐的刃角，以利于抹压操作但不至于损伤壁纸墙布表面。

③ 油灰铲刀　油灰铲刀主要用于修补基层表面的裂缝、孔洞及剥除旧裱糊面上的壁纸残留。如图5-10所示。

④ 辊筒　金属辊筒用于壁纸拼缝处的压边，橡胶辊筒用于赶压壁纸内的气泡。如图5-11所示。

图5-9　活动裁纸刀

图5-10　油灰铲刀

⑤ 刷具（见图5-12） 用于涂刷裱糊胶黏剂的刷具，其刷毛可以是天然纤维或合成纤维，宽度一般为15～20mm；此外，涂刷胶黏剂较适宜的是排笔。还有裱糊刷，专用于在裱糊操作中将壁纸墙布与基面扫平、压平、粘牢，其刷毛有长短之分，短刷毛适宜扫压重型壁纸墙布，长刷毛适宜刷抹压平金属箔等较脆弱类型的壁纸。

⑥ 其他工具 其他工具有抹灰、基层处理及弹线工具、托线板、线锤、水平尺、量尺、钢尺等。

图5-11 辊筒

5.3.3.2 裱糊工程作业条件

裱糊工程一般是在顶棚基面及预埋件留设完成，门窗油漆及地面装修施工均已完毕后才能开始。裱糊工程的作业条件包括内容非常广泛，主要是施工基层条件和施工环境条件两个方面。

（1）施工基层条件

① 新建筑物的混凝土或水泥砂浆抹灰层在刮腻子前，应先涂刷一道抗碱底漆。

② 旧建筑在裱糊前，应清除疏松的旧装饰层，并涂刷界面剂，以利于黏结牢固。

③ 混凝土或抹灰基层的含水率不得大于8%，木材基层的含水率不得大于12%。

图5-12 刷具

④ 基层的表面应坚实，平整，不得有粉化、起皮、裂缝和凸出物，色泽应基本一致。有防潮要求的基体和基层，应事先进行防潮处理。

⑤ 基层涂抹的腻子应平整、坚实、牢固，无粉化、起皮和裂缝；腻子的黏结强度应符合《建筑室内用腻子》中N型腻子的规定。

⑥ 裱糊基层的表面平整度、立面垂直度及阴阳角方正，应符合《建筑装饰装修工程质量验收规范》中对于高级抹灰的要求。

⑦ 裱糊前，应用封闭底胶涂刷基层。

（2）施工环境条件 冬季施工应当在采暖的条件下进行，施工环境温度一般大于15℃。裱糊时的空气相对湿度不宜过大，一般应小于85%。在潮湿季节施工时，应注意对裱糊饰面的保护，白天打开门窗适度通气，夜晚关闭门窗以防潮湿气体的侵袭。

5.3.3.3 壁纸施工工序

裱糊饰面工程的施工工艺：基层处理→弹线→润纸，裁纸→涂刷胶黏剂→裱糊→清理与修整。

（1）基层处理

① 混凝土及抹灰基层处理 满刮腻子一遍并打磨砂纸。基层上有气孔、麻点、凹凸不平等缺陷处填刮平整，光滑。空裂处应剔凿重做，再重刮腻子填平。需要增加刮腻子遍数时每遍腻子应薄而匀，并打磨后再刮。刮腻子时，将基层表面清洗干净，使用胶皮刮板满刮一遍。刮

时要有规律，要一板排一板，两板中间顺一板，要斜衔严密，不得出现明显接槎。要做到凸处薄刮、凹处厚刮并大面积找平。待腻子干燥后用砂纸打磨并扫净。

② 木质、石膏板基层处理　木基层要求接缝不显接槎，不外露钉头。接缝、钉眼须用腻子补平并满刮腻子一遍，用砂纸磨平。如果吊顶采用胶合板，板材不宜太薄，特别是面积较大的厅、堂吊顶，板厚宜在5mm以上，以保证刚度和平整度，有利于裱糊质量。在纸面石膏板上裱糊塑料墙纸，在板墙拼接处采用专用石膏腻子及穿孔纸带进行嵌封。在无纸面石膏板上裱糊壁纸，板面须先刮一遍乳胶石膏腻子。

③ 旧墙基层处理　对凹凸不平的墙面要修补平整，清除旧有的油污、砂浆颗粒等，对修补过的接缝、麻点等，应用腻子分1～2次刮平，再根据墙面平整光滑的程度决定是否再满刮腻子。

④ 不同材质基层接缝处理　不同基体材料的对接处，如木夹板与石膏板，石膏板面与抹灰或混凝土面的对缝，都应粘贴接缝带。

（2）弹线　底胶干后即可弹线，目的是保证壁纸边线水平或垂直及裁纸的尺寸准确。一般在墙转角处、门窗洞口处均应弹线，便于折角贴边。如果从墙角开始裱贴，弹垂直线应在距墙角上壁纸宽度窄50mm处，在壁炉、烟囱等处弹线应定在中央。在非满贴壁纸墙面的上下边，在拟定贴到部位，应弹水平线。

（3）润纸、裁纸

① 润纸　片润纸的方法有闷水和用湿布擦拭两种。由于墙纸具有湿涨干缩的特性，为裱糊后平整，在上墙前先将墙纸在水槽中浸泡几分钟或在墙纸背面刷清水一道，静置几分钟，使墙纸充分胀开称为闷水。闷水后再裱糊上墙的壁纸，即可随着水分的蒸发而收缩，绷紧。对于玻璃纤维基材壁纸遇水无伸缩，无需润纸；复合纸质壁纸遇湿强度差，禁止闷水；纺织纤维壁纸也不宜闷水，可在刷胶前用湿布稍稍润湿。

② 裁纸　根据壁纸规格及墙面尺寸统筹规划，量出墙顶到墙脚的高度，两端各留出50mm以备修剪，然后剪出第一段壁纸。对于花纹图案较为具体明显的壁纸墙布，要事先明确裱糊后的花饰效果及其图案特征，根据花纹图案和产品的边部情况，确定采用对口拼缝或是搭口裁割拼缝的具体拼接方式，应保证对接准确无误。

裁纸要用尺压紧壁纸，确认尺寸无误后，一气呵成，中途不得停顿或变换持刀角度。下料后的壁纸墙布应编号卷起平放，不能竖立，以免产生褶皱。

（4）涂刷胶黏剂　塑料壁纸用于墙面裱糊时，其背面可以不涂胶黏剂，只在被裱糊基层上施涂胶黏剂。当塑料壁纸裱糊于顶棚时，基层和壁纸背面均应涂刷胶黏剂。要求涂的时候厚薄均匀，比壁纸刷宽2～3cm，胶黏剂不能刷得过多、过厚，以防溢出弄脏壁纸。壁纸背面刷胶后，应将胶面与胶面反复对叠，以免胶干得过快，也便于上墙，保证裱糊的墙面光洁平整。

金属壁纸裱贴所用胶黏剂应是专用的壁纸粉胶。刷胶时事先准备一卷未开封的发泡壁纸或长度大于壁纸幅宽的圆筒，一边往经过裁割并浸过水的金属壁纸背面刷胶，一边将刷过胶的部分，胶面向上卷在发泡壁纸卷上或圆筒上以待裱糊。

（5）裱糊　裱糊的基本顺序是先垂直面后水平面，先长墙面后短墙面，先细部后大面。先保证垂直，后对花拼缝；垂直面是先上，后下，先长墙，后短墙面；水平面是先高后低。

① 根据分幅弹线和壁纸的裱糊顺序编号，从墙面所弹垂线开始至阴角处收口，挑一个近窗台角落向背光处依次裱糊，这样在接缝处不致出现阴影影响操作。

② 裱糊无图案的壁纸可采用搭接法裱贴。相邻两幅在拼接缝处，后贴的一幅压前一幅 20～30mm左右，然后用钢尺与活动剪纸刀在搭接范围内的中间，将双层壁纸切透，再将切掉的两小条壁纸撕下。最后用刮板从上向下均匀地赶胶，排出气泡，并及时用湿布擦掉多余胶液。较厚的壁纸须用胶辊进行滚压赶平。发泡壁纸及复合壁纸则严禁使用刮板赶压，只可用毛巾、海绵或毛刷赶压，以免赶平花型或出现死褶。

③ 对于有图案的壁纸，为了保证图案的完整性和连续性，裱贴时可采取拼接法。拼贴时先对图案，后拼缝。从上至下图案吻合后，再用刮板斜向刮胶将拼缝处赶紧实，然后从拼缝处刮出多余胶液，并用湿毛巾擦干净。对于需要重叠对花的壁纸，应先裱贴对花，待胶黏剂干到一定程度后，用钢尺对齐裁下余边，再刮压密实。用刀时，下力要匀，一次直落，避免出现刀痕或搭接起丝现象。

④ 为了防止在使用时由于被碰、划而造成壁纸开胶，裱糊时不可在阳角处甩缝，应包过阳角不小于20mm。阴角处搭接时，应先裱糊压在里面的壁纸，在裱贴搭在上面者，一般搭接宽度为20～30mm；搭接宽度不宜过大，否则其褶痕过宽会影响饰面美观。需要在面装饰造型部位的阳角采用搭接时，应考虑采取其他包角、封口形式的配合装饰措施，由设计确定。与顶棚交接处应划出印痕，然后用刀、剪修齐，或用轮刀切齐；以同样的方法修齐下端与踢脚板或墙裙等的衔接收口处边缘。

⑤ 有基层卸不下的设备或附件，裱糊时可在壁纸上剪口。方法是将壁纸轻糊于裱贴面凸出物件上，找到中心点，从中心点往外呈放射状剪裁，再使壁纸舒平，用笔描出物件的外轮廓线，轻手拉起多余的壁纸，剪去不需要的部分，如此沿轮廓线套割贴严，不留缝隙。

⑥ 棚裱糊时，宜沿房间的长度方向，先裱糊靠近主窗的部位。裱糊前先在顶棚与墙壁交接处弹一道粉线，基层涂胶后，将已刷好胶并保持折叠状态的壁纸托起，展开其顶褶部分，边缘靠齐粉线，先敷平一段，然后沿粉线铺平其他部分，直至整幅贴牢。按此顺序完成顶棚裱糊，分幅赶平铺实，剪除多余部分并修齐各处边缘及衔接部位。

（6）清理与修整　壁纸粘贴后，发现裱糊有空鼓、气泡时，可用针刺进放气，再用注射针注进胶结剂，再用刮板压平压密实。

5.3.3.4 质量标准及通病防治

（1）裱糊不垂直

原因：

① 裱贴墙纸前没吊锤线，第一张纸贴得不垂直，依次裱贴多张后，偏离更大，有花饰的墙纸问题更严重。

② 壁纸本身的花饰与纸边不平行，未经处理就进行裱贴。

③ 基层表面阴阳角抹灰时垂直偏差较大，影响墙纸、墙布裱贴的接缝和花纹图案的垂直。

防治方法：

① 墙纸、墙布裱贴前，应在裱贴的墙面上吊一条垂直线，并弹上粉线，裱贴第一张墙纸、墙布时纸边必须紧靠垂直线边缘，检查无误后再裱贴第二张墙纸、墙布。

② 采用接缝法裱贴时，应先检查墙纸、墙布的花纹图案与纸边是否平行，然后再裱贴。

③ 裱贴墙纸、墙布的基层应先检查其阴阳角是否垂直、平整。对不符合要求的，经修整后方可裱贴施工。

（2）离缝或亏纸

原因：

① 裁割墙纸、墙布未量好尺寸，裁割尺寸偏小，裱贴后不是上亏纸就是下亏纸。

② 搭缝裱贴裁割时，接缝处不是一刀裁割到底，而是多次变换刀刃方向或钢尺偏移，使墙纸、墙布亏损，致使裱贴后亏损部分离缝。

③ 裱贴第二张墙纸与第一张拼缝时未连接准确就压实或赶压底层胶液推力过大，而使墙纸伸张，在干燥过程中产生回缩，造成离缝或亏纸。

防治方法：

① 裁墙纸下刀前应复核裱贴墙面实际尺寸，压紧纸边后，刀刃贴紧尺边，手劲要均匀，中间不得停顿或变换持刀角度。尤其裁割已裱贴在墙上的墙纸，更不能用力太猛或刀刃变换手势而影响裁割质量。

② 裱贴的每一张墙纸、墙布都必须与前一张靠紧，争取无缝隙，在赶压胶液时，由拼缝处横向往外赶压，不得来回赶压或由两侧向中间赶压。应使墙纸、墙布对好缝以后不再移动。

③ 对于离缝或亏纸轻微的墙纸、墙布饰面，可用同色的乳胶漆点描在缝隙内，漆膜干燥后可以掩盖。对于较严重的部位，可用相同的墙纸补贴或撕掉重贴。

（3）翘边

原因：

① 基层不干净，表面粗糙干燥或潮湿，使胶液与基层黏结不牢，导致卷翘。

② 胶黏剂黏性小，造成纸边翘起，特别是阴角处的墙纸，当第二张粘贴在第一张的塑料面上，更易出现翘边问题。

③ 阳角处包过阳角的墙纸少于2cm，未能克服墙纸表面张力，也易起翘。

防治方法：

① 基层表面的灰尘、油污等必须清除干净，含水率不超过20%，若表面凹凸不平，必须用腻子刮抹平整。

② 应根据不同的墙纸、墙布选择不同的胶黏剂。

③ 阴角搭缝时，应先裱贴压在里面的墙纸，再用黏性较大的胶黏剂粘贴面层。纸边应搭在阳角处，并保持垂直无毛边，严禁在阳角处甩缝，墙纸应裹过阳角不小于2cm，包角必须用黏性强的胶黏剂并压实，不能有空鼓和气泡。

06
Chapter

第6章
木质装饰材料

　　木质装饰材料是指包括木材、竹材及以其为主要原料加工成的一类适合于家具和室内装修的材料。

　　木材和竹材是人类最早应用于建筑及其装饰装修的材料之一。由于木材具有很多不可由其他材料所替代的优良特性，它们至今在建筑装饰装修中仍然占有极其重要的地位。

　　虽然其他种类的新材料不断出现，但木材仍然是家具和建筑领域不可缺少的材料，其特点可以归结如下：

　　（1）不可替代的天然性　木、竹材是天然的，有独特的质地与构造，其纹理、色泽等能够给人们一种回归自然、返璞归真的感觉，深受广大人民所喜爱。

　　（2）典型的绿色材料　木、竹材本身不存在污染源，其散发的清香和纯真的视觉感受有益于人们的身体健康。与塑料、钢铁等材料相比，木、竹材是可循环利用和永续利用的材料。

　　（3）优良的物理力学性能　竹、木材是质轻而高比强度的材料，具有良好的绝热、吸声、吸湿和绝缘性能。同时，竹、木材与钢铁、水泥和石材相比具有一定的弹性，可以缓和冲击力，提高人们居住和行走的安全。

　　（4）良好的加工性　竹、木材可以方便地进行锯、刨、铣、钉、剪等机械加工和贴、粘、涂、画、烙、雕等装饰加工。

　　基于上述的特点，木质装饰材料迄今为止仍然是建筑装饰领域中应用最多的材料。但木材在使用环境中易产生干缩湿胀引起尺寸变化。木材还具有易燃、易腐、天然缺陷诸多问题，在使用中应予以注意。

　　另外，人造板工业的发展极大地推动了木质装饰材料的发展，中密度纤维板、刨花板、细木工板、竹质板等基材的迅猛发展，以及新的表面装饰材料和新的表面装饰工艺和设备的不断出现，使木质装饰材料从品种、花色、质地到产量都大大向前推进了一步。

　　木质装饰材料以其优良的特性和广泛的来源，大量应用于宾馆、饭店、影剧院、会议厅、居室、车船、机舱等各种建筑的室内装饰中。

6.1 木材的基本知识

　　木材用于装饰已有悠久的历史。它材质轻、强度高，有较佳的弹性和韧性，耐冲击和振动。

　　对电、热和声音有高度的绝缘性，特别适合于加工成型和涂饰。木材是一种易锯、易刨、易雕刻、易钻孔、易组合的造型材料。自古以来被广泛采用。木材品种繁多，材质的自然纹和色泽形成的特殊肌理美、柔和温暖的视觉和触觉美感是艺术创作和雕刻、实用工艺品、家具、室内外环境装饰设计等难得的用材，是其他材料无法替代和比拟的。

　　中国木材资源丰富，优质的经济木材约1000多种，常见的有300多种，可作装饰、雕刻的材料有100多种，其中优质的用材有近50多种。由于资源的保护和合理利用，要提高木材的使用率和产品质量，因此人造板材已广泛地推广并应用于各种装饰、家具和艺术造型等。

　　建筑装饰常用树种及其选材和要求见表6-1和表6-2。

表6-1　建筑装饰常用树种

树种名称	硬度	性能	用途
白松	软	纹直、结构细、质软	用于木龙骨、门、窗、吊顶等，北方常用木种
红松	软	纹直、耐水、耐腐、易加工	用于门、窗、家具等，北方常用木种
樟松	软	纹直、结构细，易加工	口料、部分家具
云松	略软	纹直、结构细、有弹性	适于装饰装修，南方常用
冷松	软	纹直结构细、有弹性	适于装饰装修，南方常用
泡松	软	纹直、结构细、有弹性	适于装饰装修，南方常用
马尾松	略硬	结构粗、耐油漆	常作建筑跳板等
油杉	略硬	纹粗而不均	常作建筑跳板等
铁坚杉	略硬	纹粗而不均	常作建筑跳板等
杉木	软	纹理直、结构细、易加工	是不错的装饰用材
银杏	软	纹理直、结构细、易加工	是不错的装饰用材
（以上为针叶树类）			
水曲柳	略硬	纹直、纹美、结构细	是主要装饰材料
黄菠萝	略软	纹直、纹美、收缩小	是主要装饰材料
柞木	硬	纹斜、光泽美、结构粗	主要用于木地板等
色木	硬	纹直、结构细、质坚	实木地板、家具
桦木	硬	纹直、有花纹、易变形	普通家具、地板
椴木	软	纹直、质坚耐磨、易裂	家具、装饰板
樟木	略软	纹斜、质坚	细木家具
山杨	甚软	纹直、质轻、易加工	木制品原材料
木荷	硬	纹直或纹斜、结构细	木制家具、工艺品

树种名称	硬度	性能	用途
楠木	略软	纹理斜、质细、纹美、有香气	是上等名贵木材
榉木	硬	纹理、结构细、纹美	常用于主要装饰材料
黄杨木	硬	纹直、结构细、有光泽	木雕、实木装饰
泡桐	略软	纹直、质轻、易加工	木线等
麻栎	硬	纹直、质坚耐磨、易裂	木地板、实木家具
柚木	硬	纹直、花纹美、有油性、耐磨久	木地板、家具、是上等木材
红檀	硬	纹斜、极细密、不易加工	属装饰用第一高档材料
紫檀	硬	纹斜、极细密、不易加工	属装饰用第一高档材料
花梨木	硬	纹直、质细、纹美	实木家具、上等木材
乌木	硬	纹细、质坚、耐磨	高级木材、用于家具雕刻
酸枝木	硬	纹细、质坚、耐磨、不易加工	高级木材，用于家具雕刻
鸡翅木	硬	纹细、质坚、耐磨、不易加工	高级木材，用于家具雕刻

表6-2 建筑装饰工程常用树种的选材和要求

使用部位	材质要求	建议选用的树种
墙板、镶板、天花板	要求具有一定强度、质软轻和有装饰价值花纹的木材	异叶罗汉松、红豆杉、叶核桃、核桃楸、胡桃、山核桃、长柄山毛榉、栗、珍珠栗、木槠、红椎、栲树、苦槠、包栎树、铁槠、面槠、槲栎、白栎、柞栎、麻栎、小叶栎、白克木、悬铃木、皂角、香椿、刺楸、蚬木、金丝李、水曲柳、红楠、楠木等
门窗	要求木材容易干燥、干燥后不变形、材质较轻、易加工、耐油漆、胶黏性良好并具有一定花纹和材色的木材	异叶罗汉松、黄杉、铁杉、云南铁杉、云杉、红皮云杉、细叶云杉、鱼鳞云杉、冷杉、冷松冷杉、臭冷杉、油杉、云南油杉、杉木、柏木、华山松、白皮松、红松、广东松、七裂槭、色木槭、青榨槭、满州槭、紫椴、椴木、大叶桉、水曲柳、野核桃、核桃楸、胡桃、核桃、枫杨、枫桦、红桦、黑桦、亮叶桦、香桦、白桦、长柄山毛榉、栗、珍珠栗、红楠、楠木等
地板	要求耐腐、耐磨、质硬和具有装饰花纹的材料	黄杉、铁杉、云南铁杉、兴安落叶松、四川红杉、长白落叶松、红杉、黄山松、马尾松、樟子松、油松、云南松、柏木、山核桃、枫桦、红桦、黑桦、亮叶桦、香桦、白桦、长柄山毛榉、栗、珍珠栗、米槠、红椎、栲树、苦槠、包栎树、铁槠、槲栎、白栎、柞栎、麻栎、小叶栎、蚬木、花榈木、红豆木、水曲柳、大叶桉、七裂树、色木槭、满州槭、金丝莉、红杉、杉木、红楠、楠木等
装饰材、家具	要求材色悦目、具有美丽的花纹、加工性质良好、切面光滑、耐油漆和胶黏性质均好，不裂劈的木材	银杏、红豆杉、异叶罗汉松、云杉、红皮云杉、细叶云杉、鱼鳞云杉、紫果云杉、红松、桧木、福建柏、侧柏、柏木、响叶杨、青杨、大叶杨、辽杨、小叶杨、毛白杨、山杨、旱柳、胡桃、野核桃、核桃楸、山核桃、枫杨、枫桦、红桦、黑桦、亮叶桦、香桦、白桦、长柄山毛榉、栗、珍珠栗、包栎树、铁槠、互栎、白栎、柞栎、麻栎、小叶栎、春榆、大叶榆、大果榆、挪榆、白榆、光叶榉、樟木、红楠、楠木、檫木、白克木、枫香、黄波萝、香椿、七裂槭、色木槭、青榨槭、蚬木、紫椴、大叶桉、水曲柳、楸树等

6.1.1 木材特性

① 温度调节功能。木材的"室温变化"较岩棉、混凝土、红砖、土壁等材料小，能调节温度。

② 湿度调节功能。木材随湿气的增减或气温的变化，改变其含水率，故调节空气中湿度最佳。

③ 视觉特性舒适。木材可吸收紫外光，不会刺伤眼睛，瓷砖反射率约70%～80%，木材反射率为55%～65%，使眼睛舒服，身心舒畅。

④ 听觉特性较佳。木材为有机物"细胞构造体"，具有多孔质吸音特性，会产生"板振动型"的吸音。

⑤ 热放射性能特高。木材辐射率高达0.9以上，能保持室内温度。

⑥ 适当的温冷触感。人的手脚接触材料引起"热的移动"，木材和毛巾、棉布很接近，故较暖和。

⑦ 硬暖感适中。高密度的物体，有较大的压力感和冰冷感，木材的硬暖感近于中庸。

⑧ 木材的粗滑感。木材的"动摩擦系数"属中等，而大理石、瓷砖很光滑。

⑨ 自然的纹理。木材有规则和不规则的纹理，混在一起，给人自然舒适的印象。

⑩ 防止病变细菌寄生。木材保持温度使心跳正常，调节湿度可防止关节炎，避免螨类细菌寄生，防止气喘症、过敏症。

⑪ 具有杀菌、抗菌作用。木材能释放"芬多精"的芳香气味，使结核菌、白喉菌不能靠近，还能杀死葡萄球菌及流行感冒过滤性病毒。

6.1.2 木材的基本性质

（1）木材分类

① 按树种分类　木材分针叶树和阔叶树两大类（见表6-3）。

表6-3　按树种分类的木材

种类	特点	用途	树种
针叶树	树叶细长，呈针状，树干直而高大，木质较软，易于加工，强度较高，表观密度较小，胀缩变形较小	是建筑中主要使用的树种。多用作承重构件、门窗等	松树、柏树、杉树等
阔叶树	树叶宽大呈片状，大多为落叶树。树干通直部分较短，木质较硬，加工较困难，表观密度较大，易于胀缩，翘曲，裂缝	常用于内部装饰次要的承重构件和胶合板等	榆树、桦树、水曲柳等

针叶树干通直而高大，易得大材，纹理平顺，材质均匀，木质较软而易于加工，故又称软木材。表观密度和胀缩变形较小，耐腐蚀强，适用于装饰工程中隐蔽部分的承重构造。常见树种有松、柏、杉。

阔叶树树干通直部分一般较短，材质硬且重，强度较大，纹理自然美观，是装饰工程、雕刻、家具制造、工艺品制作的主要用材。常见的有榆木、桦木、楠木、柞木。

② 按加工程度和用途分类

a. 原条是指去除根、梢（皮），但未按标定的规格尺寸加工的原始木材。

b. 原木是在原条的基础上，按一定的直径和长度尺寸加工而成的木料。

c. 锯材是指已加工锯解到一定尺寸的成材木料，通常将宽度大于或等于3倍厚度的木料称为板材，宽度小于3倍厚度的则称为方材。

（2）木材的化学成分　木材的化学成分有两大类。

① 第一类是占木质总量90%的主要物质。其中主要是糖类，约占木质的3/4。以水溶性多糖（如纤维素、半纤维素、果胶质）存在，除此之外，还含有木质素（非碳水化合物部分），无机成分。

② 第二类是浸提物质，包括挥发油、树脂、鞣质和其他酚类化合物等。

（3）木材的物理性质　包括木材的水分、密度、干缩湿涨，以及木料在干燥过程中所发生的缺陷、导热、导电、吸湿、透水等。

木材中水的含量称含水率。它的大小直接影响到木材的强度和体积。木材含水率越高，其强度越小；含水率越小，其强度越大。树种不同，含水率也不同，一般树种含水率在40%～60%，多的可达200%以上。木材中的水分可分为三种，即自由水、吸附水和化合水。

木材长时间暴露在一定温度和湿度的空气中，干燥的木材能从空气中吸收水分，潮湿的木材能向周围释放水分，直到木材的含水率与周围空气的相对湿度达到平衡为止。我们将与周围空气的相对湿度达到平衡时木材的含水率称为平衡含水率。木材的吸湿性是木材从空气中吸收水蒸气和其他液体蒸气的性能。木材的吸湿性会使木材的物理力学性质随着平衡含水率的变化而变化。木材在使用时其含水率应接近或稍低于平衡含水率。

（4）木材纹理　形成木材纹理的因素有以下几种。

① 树种原因，针叶树种单纯，阔叶树种复杂美观。

② 年轮变化的原因，年轮宽而均匀称为粗纹理，如泡桐树；年轮狭而均匀称细纹理，如黄杨木的纹理。

③ 木纹方向的原因。木材分子与树轴所形成的方向平行称为直纹理，如杉木；与树轴不平行的称为斜纹理，如香樟、桉树；在斜纹理中又有螺旋纹理，如侧柏；交错纹理，如桉树；带状纹理是交错纹理沿径向切面锯解后，呈现的深、浅色带状纹理；还有波浪纹理和团状纹理，如桦木。

④ 锯切方式原因。如径切纹理，是沿着木材径切方向所锯解的板面纹理；弦切纹理是沿木材弦切方向所锯解的板面纹理，或是旋板机旋切出的单板面纹理；四分之一切纹理是沿年轮成45°锯切的纹理；圆锥形花纹是旋刀与木材成一定角度，旋切出的花纹；波浪花纹是用波浪式切刀口切削呈波浪形的单板纹理。研究木材纹理花纹的特性（见图6-1），认识各种木材所具有的花纹，掌握各种材料的纹理规律，有利于提高工艺能力。如采用不同的弦切或粘拼镶嵌等方法，

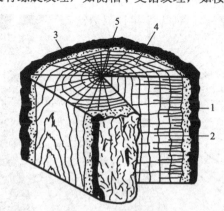

图6-1　树干切面图

1—树皮；2—木质部；3—年轮；4—髓线；5—髓心

横切面—垂直于树轴的切面；径切面—通过树轴的切面；弦切面—和树轴平行与年轮相切的切面

可获得丰富多彩的花纹。

（5）木材的力学特性　木材的力学特性是木材抵抗外力作用的性能，一般从下列方面进行核定。

强度：木材抵抗外部机械力破坏的能力。木材各种强度的关系见表6-4。

硬度：木材抵抗其他物体压入的能力。

弹性：外力停止后，木材具有恢复原来的形状和尺寸的能力。

刚性：木材抵抗形状变化的能力。

塑性：木材保持形变的能力。

韧性：木材易发生最大变形而不致破坏的能力。

表6-4　木材各种强度的关系

抗压强度/MPa		抗拉强度/MPa	
顺纹	横纹	顺纹	横纹
100	10～20	200～300	6～20
抗弯强度/MPa		抗剪强度/MPa	
		顺纹	横纹
1500～200		15～20	50～100

6.1.3　木材的构造和性质

木材由树皮、形成层、木质部及髓四部分构成。如图6-2所示。

科学适合地选择材料是保证作品质量的重要前提。室内装饰工程中内木骨架（木天花、墙裙、隔断内骨架）所用木材，多选材质较松、材色和纹理不甚显著、含水少、干缩小、不劈裂、不易变形的树种，主要有红松材、白松材、马尾松材、落叶松材、美国花旗松、杉木、段木等。

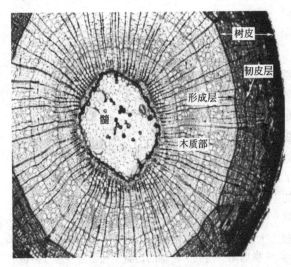

树皮

韧皮层

形成层

髓

木质部

图6-2　木材构造

装饰工程中外木骨架（外露式栅架、支架、高级工艺门窗及家具）要求木质较硬，纹理清晰美观。用料选材有水曲柳、柞木、东北榆、桦木、柚木、红木、核桃揪、楠木、洋杂木、樱桃木等。

雕塑、壁画、刻字、镶嵌等工艺作品要求符合设计和整体艺术格调，木材的结构、纹理、花纹、颜色、光泽及后期处理等都有特殊的工艺要求，所以因材而异，因材制宜，有时木材不利的缺陷，如果处理得当，能起到化腐朽为神奇、巧夺天工的功用。所以要以艺术的眼光审视周围的一切，从而发现材料闪光的美感。

6.2 木地板

随着科学技术的发展，木材的综合利用有了突飞猛进的发展，越来越多价廉物美、形式多样、用途广泛的木装饰制品应运而生。例如：木地板、纤维板、刨花板、大芯板、复合板、微粘板、层板、橡胶木板、企口拼板、压缩木板等。

木地板按生产方式可分为：实木地板、强化木地板、复合木地板、实木复合木地板、竹木地板和软木地板等。

6.2.1 实木地板

实木地板是利用木材的加工性能，采用横切、纵切以及拼接办法制成的木地板。尤以润泽的质感、良好的触感、高贵的观感、自然环保的美感，受到人们的推崇。

实木地板可分为平口实木地板、企口实木地板、拼花实木地板、竖木地板、指接木地板、集成地板等。

（1）平口实木地板　平口实木地板采用切割、刨、磨工序将木材加工成平直立面体[见图6-3（a）]，采用多种拼花图案进行拼接（见图6-4）。优点是可根据个人爱好设计出多种图案，适用于地面及墙面装饰用。常用规格包括：155mm×28.5mm×8mm、250mm×50mm×10mm、300mm×60mm×10mm。

（2）企口实木地板　企口实木地板板面呈长方形，其中一侧有榫，一侧有槽口，榫槽接口，背面开有抗变形槽[见图6-3（b）]。目前市场上大量存在的木地板属这一类，为防止变形，出厂前已完成整面的喷漆图饰过程。一般规格为：（600～1500）mm×（60～120）mm×（10～20）mm。

（3）拼花实木地板　拼花实木地板是将条状木条，以一定规格和木纹肌理排成正方形[见图6-3（c）]。其加工精度要求很高，生产工艺讲究，适用于高级地板使用。

（4）竖木地板　竖木地板是以木材横切面为板面，采用天然的年轮图案，拼接粘合成400mm×400mm、500mm×500mm、600mm×600mm具有木材断面图案的一种新型木地板[见图6-3（d）]，是一种物美价廉、加工简单（只需横切打磨）的材料，可用于地板、墙面以及吊顶的一种装饰材料。由于其采用断面向上，因此，增加了木材的抗压和耐磨性。

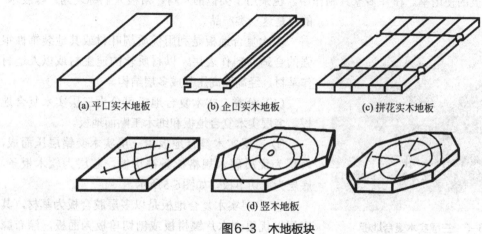

(a) 平口实木地板　　(b) 企口实木地板　　(c) 拼花实木地板

(d) 竖木地板

图6-3　木地板块

（5）指接木地板　指接木地板采用有宽度相等、长度不等的小木条黏结而成。随着木工机械的不断发展，指接木地板之间采用细齿黏结。具有强度大、接口严、不易变形的特点。它也常作成大木板产品，如（1830～4000）mm×（40～75）mm×（10～18）mm。

（6）集成地板（又称拼接地板）　集成地板由宽度相同的大小木板条黏结起来，然后将多片指接体横向拼接而成。其特点是幅面大、性能稳定、不易变形，更接近自然。

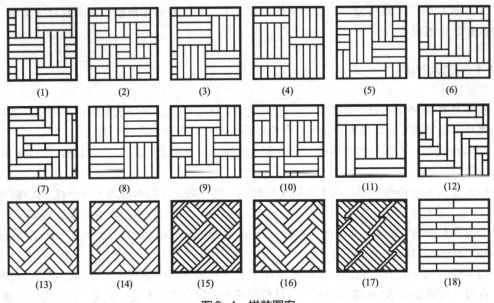

(1) (2) (3) (4) (5) (6)
(7) (8) (9) (10) (11) (12)
(13) (14) (15) (16) (17) (18)

图6-4　拼装图案

6.2.2　实木复合木地板

近几年来，市场上出现了大量高档的实木地板，如紫檀、鸡翅木、红豆木、酸枝木、铁力木、乌木等。实际上它是一种木材的复合体，一般由三层或多层组成。表面层由优质硬木规格薄板条镶拼而成，层膜不厚；芯层为软木条黏结而成；底层为旋切单板。然后，层压成型。特点是保留了实木地板的天然特性，而又突出了高档木板的装饰性，并大大降低了地板成本，提高了木板的使用率。在许多家具制作中，也采用了类似的木材，常被人们称之为"橡胶木"的也是这一类产品。

实木复合地板是利用优质阔叶材或其他装饰性很强的合适材料作表层，以材质软的速生材或以人造材作基材，经高温高压制成多层结构。

（1）分类　实木复合地板可分为三层实木复合地板、多层实木复合地板和细木工贴面地板。

① 三层实木复合地板由三层实木交错层压而成，表层为优质硬木规格板条镶拼板，芯层为软木板条，底层为旋切单板，如图6-5所示。

② 多层实木复合地板是以多层胶合板为基材，其表层以优质硬木片镶拼板或刨切单板为面板，涂布脲

图6-5　三层实木复合地板

醛树脂胶，经热压而成。

③ 细木工贴面地板是以细木工板作为基材板层，表面用名贵硬木树种作为表层，经过热压机热压而成。

（2）特点　实木复合木地板的特点有以下四点：

① 结构对称，相邻层板之间纤维互相垂直。

② 规格尺寸大，不易变形，不翘曲，尺寸稳定性好。

③ 施工简单。一般地，实木复合木地板出厂前已将6面全部涂刷，只需铺设安装。

④ 阻燃、绝缘、隔潮、耐腐蚀。

实木复合地板的缺点：大量使用脲醛树脂胶结，含有甲醛，易造成空气污染。

6.2.3　复合木地板

（1）结构　复合木地板也是近几年市场上用量最大的一种人造地板，又称强化木地板。它一般分为四层：耐磨层、装饰层、芯层和防潮层，如图6-6所示。

① 耐磨层：耐磨层是由极细氧化铝构成，既要透明，又要均匀。氧化铝含量越大，表面的耐磨性能越高。

② 装饰层：主要采用电脑仿真技术制造出印刷纸，可仿各种树种及天然石材花纹，效果逼真。用三聚氰胺浸渍，可制成防腐、防水、抗酸碱、抗紫外线、永不褪色的装饰层。装饰层可用仿真

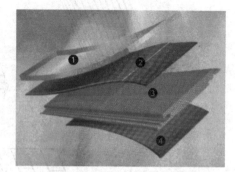

图6-6　复合木地板的结构
1—耐磨层；2—装饰层；3—芯层；4—防潮层

印刷出，如黑核桃、柚木、紫檀木、水曲柳等木种，也可以印刷出天然大理石花纹如大花绿、云灰、中国红、将军红等。

③ 芯层：采用高密度纤维板、中密度板构成。它是采用高温高压条件下胶结压制而成。强化密度的好坏直接受到芯层质量的影响。因此对基层要求很高。

④ 防潮层：防潮层又称底层，作用是防潮和防止强化木地板变形。一般是用牛皮纸在三聚氰胺树脂中浸渍而得。

（2）特点和技术要求

① 优点：耐磨性好，不变色，花色品种多，色彩典雅，抗静电，耐酸、耐碱、耐热、耐香烟灼烧。特别适用于北方冬季地热的使用。其抗污染性也是它的另一大优点，容易清洗；施工时，可以粘，也可以直接铺设，不用黏胶；对基层平整度要求不高，与之施工配套使用的发泡塑料既解决了其弹性差的问题，也使施工更简单（见复合木地板的施工）。

② 缺点：复合木地板的脚感没有实木地板好；时间较长时，接缝处易产生起翘现象，接口明显，特别是价位较低的复合木地板，这种现象十分普遍；不同质量的复合木地板，耐磨性也不同，通常复合木地板的耐磨性用"转"来表示，质量好的木地板耐磨性在1800转以上，如"圣象"、"爱家"等。但也有一部分复合木地板转数不足，耐磨性差，在使用多的地方，发生磨损。

国家标准《室内装饰装修材料人造板及其制品中甲醛释放量》中规定甲醛释放量必须小

于或等于1.5mg/L的标准，而部分复合木地板在胶黏剂中含有一定量的甲醛。过量的甲醛对人体有危害作用，长期生活在甲醛环境中，会有致癌的危险。

复合木地板常见规格为（1120～1400）mm×（180～200）mm×（6～10）mm，榫面宽度不小于3mm。

6.2.4　竹木地板

竹木地板是近几年发展速度很快的一种地板。它采用天然优质楠竹，经刨开、压平、切削，与木材结合在一起，利用竹材硬度大、质细、不易变形、纤维长的特点，是一种优质地板。竹木地板类型与结构见图6-7。

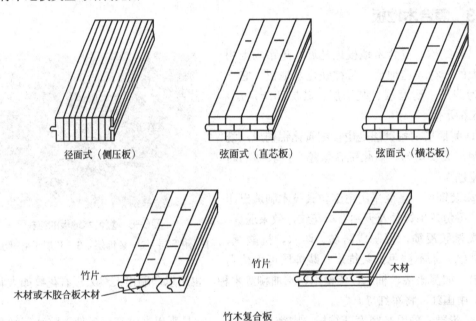

径面式（侧压板）　　弦面式（直芯板）　　弦面式（横芯板）

竹片

木材或木胶合板木材

竹片　　　　　　　　木材

竹木复合板

图6-7　竹木地板类型与结构

按竹材结构不同可分为测压竹木地板、竹皮地板、竹木地板、竹拼块地板、竹丝地板。

（1）测压竹木地板　将圆竹刨开，压型成为窄条板，将窄条板测压粘接成型。测压竹木地板的特点：致密、硬度大、不易变形、耐腐性好。

（2）竹皮地板　将受过挤压的竹板除去表皮部分，并与竹板丝横压三层形成表面带有天然绿竹表皮颜色的地板。由于竹表皮表面光滑、结构细、天然纹路清晰，是竹制地板的上品。

（3）竹木地板　表面用竹板，中间和底层均采用薄木片或胶合板黏结压型而成的，称为竹木地板。

（4）竹拼块地板　将竹板加工成麻将块状黏结做表面，与长条形竹板三层粘合而成，质感强、表面细致，属艺术性较强的高档地板。近几年来，大量出口日本、美国、韩国等国家。

（5）竹丝地板　将竹子加工成竹丝纤维，密结成型而成。此种地板是一种较新产品，受到外商的欢迎。

6.2.5 软木地板

软木地板是以软质木为原料经压缩烘焙等加工而成的。

软木地板的优点：不仅具有可压缩性、弹性、不透气、不透水，耐油、耐酸、耐皂液等多种液体，绝热、减振、吸声、隔声、摩擦系数大、耐磨等优异性能，而且经漂染可成为彩色拼花地板，具有隔声、阻燃、无声的特性，可取代地毯。

6.3 木饰面板及线材

6.3.1 木饰面板及应用

用木材装饰室内墙面，按主要原料不同可分为两类：一类是薄木装饰板，此类板材主要由原木加工而成，经选材干燥处理后用于装饰工程中；另一类是人工合成木制品，它主要由木材加工过程中的下脚料或废料经过机械处理，生产出人造材料。经常采用的木饰面板主要包括以下几种。

（1）胶合板　胶合板是将原木采用旋切或横切的方法，切成木皮，采用奇数拼接的方法，以各层纤维相互垂直，热粘成型的人造板材。按照胶合板层次可分为三合板、五合板、七合板、九层板、十一层板等。常用的是三合板、五合板和九层板。常用规格有：1220mm×2440mm、915mm×1830mm、1220mm×1830mm、915mm×2135mm。

胶合板板材幅度大，易于加工；表面平整，适应性强，收缩性小，不易变形；板面面皮种类繁多，花纹美丽，是装饰工程中常用的、数量最大的板材。

胶合板适于室内装饰的各个部位。它可以用作装饰基础；可用作壁面装饰；可直接用来吊顶；可用来做门、窗，可包柱；可制作暖气罩、护墙板；以及制作各种家具、橱窗。

常用的胶合板主要是三合板，品种有：水曲柳、白元、白栓、白橡、柳桉、黑核桃、红胡桃、红榉、沙贝利、雀眼、树瘤、白影、红影、紫檀、黑檀、白枫、美柚、泰柚等多种贴面的三合板。

胶合板的选用要点如下。

① 甲酚的释放量：经过饰面处理后可允许用于室内时，测定值为 ≤ 0.5mg/L。

② 应用场合的特殊要求：防火要求较高的用阻燃胶合板；用于高级场所的胶合板表面要进行油漆及饰面处理。

根据外观质量分为特等品、一等品、二等品、三等品，其中一、二、三等品为主要等级，主要用于室内装饰，如墙面、隔墙板、顶棚板、门面板等。特等品用于高级建筑装饰、高级家具制品。一等品适用于较高级建筑装饰，高中级家具，各种电器外壳等制品。二等品适用于家具，普通建筑，车船等的装饰。三等品适用于低级建筑装饰等。

（2）细木工板　细木工板为芯板用板拼接而成，两面胶粘一层或二层单板的实心板材，俗称大芯板，如图6-8所示。

图6-8　细木工板结构

细木工板按结构不同，可分为芯板不胶拼和芯板胶拼的两种；按表面加工状况可分为一面砂光、两面砂光和不砂光三种；按所使用的胶合剂不同，可分为Ⅰ类胶细木工板、Ⅱ类胶细木工板两种；按面板的材质和加工工艺质量不同，可分为一、二、三等三个等级。

细木工板的特点：质轻、板幅宽、易于加工、胀缩率小，强度高，吸声，绝热等。应用：适用于家具和建筑物内装饰。

大芯板是目前较为受欢迎的材料，尤其是装修公司。大芯板的芯材具有一定的强度，当尺寸相当较小时，使用大芯板的效果要比其他的人工板材的效果更佳。当然，大芯板的施工工艺与现代木工的施工工艺基本上是一致的，其施工方便、速度快、成本相对较低，所以越来越受到装修公司的喜爱。大芯板的工艺，主要采用钉，同时，也适用于简单的粘压工艺。大芯板的最主要缺点是其横向抗弯性能较差，当作为书柜等项目的施工时，其大距离强度往往不能满足书的重量的要求，解决方法只能是书架的间隔缩小。

细木工板的选用要点。

① 含水率：应与木材的含水率相同或基本相同。

② 甲醛的释放量：直接用于室内时小于等于1.5mg/L，经过饰面处理后可允许用于室内时小于等于0.5mg/L。

（3）纤维板　纤维板是以木质纤维或其他植物纤维材料为主要原料，经破碎、浸泡、研磨成木浆，再加入一定的胶料，经热压成型、干燥等工序制成的一种人造板材。

按纤维板的体积密度不同可分为硬质纤维板、中密度纤维板、软质纤维板三种；按表面分为一面光板和两面光板两种；按原料不同分为木材纤维板和非木材纤维板。

① 特点。硬质纤维板：强度高，不易变形，用于墙壁、地面、家具等。半硬质纤维板：表面光滑，材质细密，性能稳定，牢固，板面再装饰性能好，用于隔断、隔墙、地面、高档家具。软质纤维板：结构松软，故强度低，但吸音性和保温性好，主要用于吊顶等。

而这些种类的密度板工艺最主要的缺点是膨胀性大，遇水后，几乎是无可挽回。另一个缺点是抗弯性能差，不能用于受力大的项目。

② 中密度纤维板甲醛释放量：板内甲醛释放量，每100g重的总可抽出甲醛量不得超过30mg。

（4）刨花板　刨花板是利用施加胶料和辅助料或未施加胶料和辅助料的木材或非木材植物制成的刨花材料压制成的板材。

刨花板按原料不同分为木材刨花板、甘蔗渣刨花板、亚麻屑刨花板、棉秆刨花板、竹材刨花板、水泥刨花板、石膏刨花板；按表面分为未饰面刨花板和饰面刨花板；按用途分为家具、室内装饰等一般用途的刨花板和非结构建筑用刨花板。刨花板属于中低档装饰材料，且强度较低，一般主要用作绝热、吸声材料，用于地板的基层（实铺），还可用于吊顶、隔墙、家具等。

（5）装饰木板　装饰木板是由各种原木经锯切、刨光加工而成的板材。能用于装饰的树木品种很多，常用的有柚木、水曲柳、红松、榉木、樱桃木、白松、樟子松、鱼鳞松等。

装饰木板用于室内墙面装饰中，板材的厚度一般为9.5～18mm，宽度为19～35mm，长度为1～8m。

（6）薄木贴面装饰板　薄木贴面装饰板是采用珍贵木材，通过精密加工而成的非常薄的装饰面板，按厚度不同可分为厚薄木和微薄木；按制造方法不同分旋切薄木、刨切薄木和半圆旋切薄木。其只要用于室内墙面装饰和顶棚装饰，也可以用于生产家具。

6.3.2 木装饰线条

（1）木装饰线条的形状和种类　木装饰线条简称木线，是选用质硬、结构细密、材质较好的木材，经过干燥处理后，再机械加工或手工加工而成。木线在室内装饰中主要起着固定、连接、加强装饰饰面的作用。木线种类繁多，各种木线的外形及规格见图6-9、图6-10。

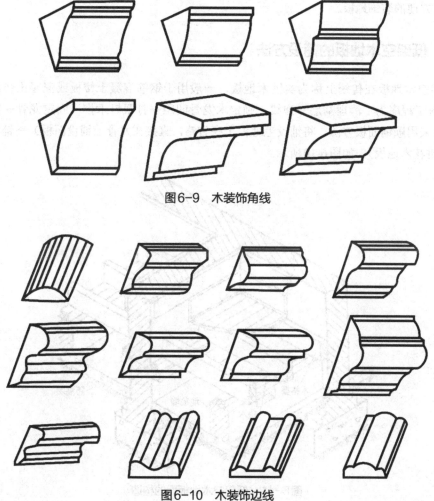

图6-9　木装饰角线

图6-10　木装饰边线

木线按材质不同可分为硬度杂木线、进口洋杂木线、白元木线、水曲柳木线、山樟木线、核桃木线、柚木线等。

按功能可分为压边线、柱角线、压角线、墙角线、墙腰线、上楣线、覆盖线、封边线、镜框线等。

按外形可分为半圆线、直角线、斜角线、指甲线等。

从款式可分为外凸式、内凹式、凸凹结合式、嵌槽式等。

（2）木装饰线条的应用　木线具有表面光滑，棱角、棱边、弧面弧线垂直，轮廓分明，耐磨、耐腐蚀，不劈裂，上色性好、黏结性好等特点，在室内装饰中应用广泛，主要用于天花线和天花角线。

6.4 木地板的施工方法

　　木地板的施工按其面板和板型不同，分为普通条形木地板、硬木拼花木地板、复合木地板等。普通条形木地板现在已成为市场上主要的木地板，它自带漆，不需涂刷，不用防潮，是一种施工方便的装饰地板。

6.4.1 低架空木地板的铺设方法

　　低架空木地板在传统上称为实铺木地板，一般用于钢筋混凝土楼板或混凝土垫层（见图6-10）。施工程序为：清理基层→弹线，确定木龙骨间距→打眼钉木楔→固定龙骨→铺设毛地板（有时采用顺铺面板方法，将铺设毛地板工序省略，直接在龙骨上铺设面板）→铺设木地板（或铺设拼花木地板）。如图6-10所示。

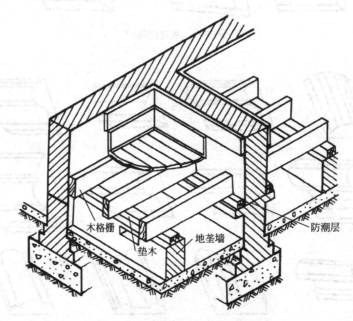

木格栅　　垫木　　地垄墙　　防潮层

图6-11　低架空木地板面的构造

　　（1）楼地面处理　用水泥1∶3找平地面。在基层上涂刷防水涂料两遍，如果为底层房间的地面，通常需涂做一毡二油防潮层。

　　（2）木格栅的固定　木格栅与楼地面的固定目前采用最多的是在水泥地面或楼板上按照木地板铺设防线弹线，并等距用电锤打眼，一般孔距为0.8m左右，然后用长钉将木格栅固定在埋入的木楔上。为防止木格栅（或木龙骨）发生移动，常在木格栅两边做45°的水泥护坡（1∶3水泥砂浆），以防止木地板铺设时吱吱作响。

　　（3）条形地板和硬木拼花地板安装　条形地板和硬木拼花地板安装，常采用双层施工，即加铺一层基面板，成为毛地板（但对于家庭装修的室内木地板，特别是条形地板一般直接铺设在木龙骨上），以增强木地板的隔音和防潮作用，提高面层的铺贴质量。

毛地板规格尺寸一般为宽度120～150mm、厚度25mm的木松地板,铺设时与木榻栅成30°或45°斜向铺排,每块板间距2～3mm,不能紧贴,以免引起摩擦响声,并与周边墙面之间留出19～20mm缝隙,有时,也可用多层板或薄细木工板做基层毛地板。毛地板与龙骨之间用白乳胶贴合,并用50汽钉枪采用"八"字钉两钉的办法固定。

对于不铺设毛地板的长条形木地板,其宽度一般在10cm左右,带企口,铺钉时与木龙骨呈垂直,并要顺进门方向,所有接缝均应是在木格栅中线位置,且错缝排列,板缝宽度不得大于1mm,使用30汽钉枪从门的侧边凹角斜向钉入。面层板与门口和四周周围留有1cm左右的伸缩缝。现在的木地板都已完成油漆涂饰,因此不用再进行加工。

6.4.2 高架木地板的铺设方法

施工程序为:地垄墙或砖墩的砌筑→预埋木方→定木格栅→制作剪刀撑→铺毛地板→镶拼木地板。高架木地板适用于体育馆、舞台以及礼堂等大型公共设施的铺设。其特点是强度高、耐久性强。有较强的弹性和优良的脚感。高架木地板地面的构造如图6-12所示。

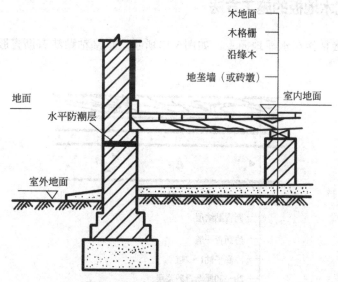

图6-12 高架木地板地面的构造

(1)高架空铺木地板的基层

① 地垄墙的堆砌 地垄墙应该用500号水泥砌筑。将砖块与水泥砌筑成墙,然后埋木方,干燥后用防潮涂料粉刷。每条地垄沟均应预留120mm×120mm两个通风洞口,而且要在同一条直线上。

② 木骨架与地垄沟的连接 木格栅与地垄沟的连接,通常采用预埋木方的办法完成。当木方较大时,可在格栅上先钻出与钉杆直径相同的孔,孔深为木格栅的三分之一,以利于格栅与地面砌筑体内预埋木方的钉接。

③ 垫木、沿缘木、剪刀撑与木栅的组装要求 先将垫木等材料按设计要求做防腐处理。核对四周墙面水平高线,在沿缘木表面划出木格栅搁置中线,并在木格栅端头划出中线,然后把木格栅对准中线摆好,再依次摆正中间的木格栅。木格栅与墙边应留有30mm的间距以便湿

胀干缩。对于木格栅要进行调平，可采用刨平或垫平的方法，安装木格栅后必须用100mm长的铁钉从木格栅两边45°角与垫木钉牢，为了防止木格栅与剪刀撑在钉接时跑偏，要加临时木支架。

（2）高架空铺木地板的结构　高架空铺木地板是传统的铺设方法，由木格栅、剪刀撑、企口板等组成。主要是针对房屋建筑底层房间的木地板，其木格栅两端一般是搁置于基础墙上，并垫放通常的沿缘木。当木格栅跨度大时，中间架设地垄墙或砖墩，地垄墙和砖墩顶部加铺油毡和垫木，格栅上铺设单层或双层木地板。若基础墙或地垄墙的间距大于2m时要在木格栅之间架设剪刀撑。这种木地板往往还要采取通风措施以防止木材腐朽，同时为了防潮，其骨架、垫木、地板地面均需刷涂焦油沥青。格栅之间必须加剪刀撑，格栅上铺设单层或双层木地板。

（3）硬木拼花木地板的铺钉　钉接式硬木拼花木地板应铺钉于装订好的毛地板基础上，铺油纸后按设计要求的拼花图案进行拼板铺钉。其拼花纹样通常有游方格式、席纹式、阶梯式等。

6.4.3　粘贴式木地板的施工方法

木地板可直接粘接在水泥地面上，如图6-13所示。直接粘贴法有沥青胶粘贴、胶黏剂铺贴和蜡铺法。

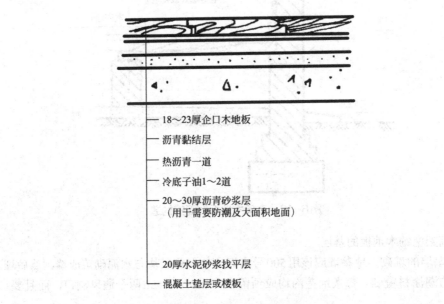

——18～23厚企口木地板
——沥青黏结层
——热沥青一道
——冷底子油1～2道
——20～30厚沥青砂浆层
　（用于需要防潮及大面积地面）

——20厚水泥砂浆找平层
——混凝土垫层或楼板

图6-13　粘贴式木地板做法

（1）沥青胶粘贴法　使用沥青胶粘贴拼花木板，其基层应平整、干燥、洁净，先涂刷一层冷底子油，一昼夜后再用热沥青胶随涂随抹。在铺贴时木板块背面也应涂刷一层薄而均匀的沥青胶材料。将木地板粘贴在地面。

（2）胶黏剂铺贴法　可粘木地板的胶不下几十种，如环氧树脂胶、万能胶、氯丁胶。粘铺前应将地面清洗干净，然后进行铺粘。如图6-14所示。

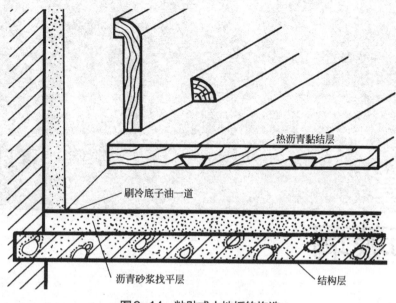

图6-14　粘贴式木地板的构造

（3）蜡铺法　蜡铺法是利用熔融蜡脂将木地板直接与地面黏结在一起的一种古老的方法。它的最大优点是解决了木地板受潮变形的问题，既结实耐用，又价廉物美，是一种不错的木地板施工方法。

6.4.4　复合木地板施工

复合木地板施工方法非常简单，它对地面要求不高，只要地面基本平整就可以施工。首先清扫基底，然后铺设轻体发泡卷材胶垫，在胶垫上完成复合木地板的拼装工程。每块木地板之间要胶结，在周边要留有伸缩缝，门口要有段缝，并用段缝压条压口。施工程序为：找平地面→铺设发泡卷材胶垫→拼铺木地板。

思考题

1. 木材含水率对木材性质有何影响？
2. 复合地板的特点有哪些？
3. 实木地板和复合地板有哪些区别？

第7章

装饰玻璃

玻璃是以石英砂、纯碱、石灰石等无机氧化物为主要原料，与某些辅助性原料经高温熔融，成型后经过冷却而成的固体。它是无定形非结晶体的均质同向性材料。玻璃是现代室内装饰的主要材料之一。随着现代建筑发展的需要和玻璃制作技术上的飞跃进步，玻璃正在向多品种多功能方面发展。

7.1　玻璃基本知识

7.1.1　玻璃的组成

玻璃是一种具有无规则结构的非晶态固体。它没有固定的熔点，在物理和力学性能上表现为均质的各向同性。大多数玻璃都是由矿物原料和化工原料经高温熔融，然后急剧冷却而形成的。在形成的过程中，如加入某些辅助原料，如助熔剂、着色剂等可以改善玻璃的某些性能。

建筑装饰玻璃是以石英砂（SiO_2）、纯碱（Na_2CO_3）、石灰石（$CaCO_3$）、长石等为主要原料，经 $1550 \sim 1600℃$ 高温熔融、成型、退火而制成的固体材料。其主要成分是 SiO_2（含量72%左右）、Na_2O（含量15%左右）和 CaO（含量9%左右），另外还有少量的 Al_2O_3、MgO 等。这些氧化物在玻璃中起着非常重要的作用，见表7-1。

表7-1　玻璃中主要氧化物的作用

氧化物名称	所起作用	
	增加	降低
二氧化硅（SiO_2）	熔融温度、化学稳定性、热稳定性、机械强度	密度、热膨胀系数
氧化钠（Na_2O）	热膨胀系数	化学稳定性、耐热性、熔融温度、析晶倾向、退火温度、韧性

氧化物名称	所起作用	
	增加	降低
氧化钙（CaO）	硬度、机械强度、化学稳定性、析晶倾向、退火温度	耐热性
三氧化二铝（Al$_2$O$_3$）	熔融温度、机械强度、化学稳定性	析晶倾向
氧化镁（MgO）	耐热性、化学稳定性、机械强度、退火温度	析晶倾向、韧性

7.1.2 玻璃的基本性质

（1）密度　玻璃内几乎无孔隙，属于致密材料。玻璃的密度与其化学组成关系密切，此外还与温度有一定的关系。在各种实用玻璃中，密度的差别是很大的，例如石英玻璃的密度最小，仅为2.2g/cm^3，而含大量氧化铅的重火石玻璃可达6.5g/cm^3，普通玻璃的密度为2.5～2.6g/cm^3。玻璃密度大，其力学性能就好，其抗冲击性能就提高。

（2）光学性质　光线照射到玻璃表面可以产生透射、反射和吸收三种情况，其能力大小分别用透射比、反射比、吸收比表示。光线透过玻璃称为透射；光线被玻璃阻挡，按一定角度反射出来称为反射；光线通过玻璃后，一部分光能量损失在玻璃内部称为吸收。玻璃中光的透射随玻璃厚度增加而减少，玻璃中光的反射对光的波长没有选择性，玻璃中光的吸收对光的波长有选择性。可以在玻璃中加入少量着色剂，使其选择吸收某些波长的光，但玻璃的透光性降低。还可以改变玻璃的化学组成来对可见光、紫外线、红外线、X射线和γ射线进行选择吸收。

总的来说，玻璃越厚，成分中铁含量越高，透射比越低，采光性越差。反射比越高，玻璃越刺眼，容易造成光污染。光线入射角越小，玻璃表面越光洁平整，光反射越强。玻璃对光的吸收取决于玻璃的厚度和颜色。

（3）玻璃的热工性质

① 导热性　玻璃的导热性很小，常温时大体上与陶瓷制品相当，而远远低于各种金属材料。在室温范围内其比热容的范围为（0.33～1.05）×10^{3}J/(kg·K)。普通玻璃的热导率在室温下约为0.75W/(m·K)。玻璃的热导率约为铜的1/400，是热导率较低的材料。但随着温度的升高将增大。另外，导热性还受玻璃的颜色和化学成分的影响。

② 热膨胀性　玻璃的热膨胀性能比较明显。热膨胀系数的大小取决于组成玻璃的化学成分及其纯度，玻璃的纯度越高热膨胀系数越小，不同成分的玻璃热膨胀性差别很大。

③ 热稳定性　玻璃的热稳定性是指抵抗温度变化而不破坏的能力；玻璃抗急热的破坏能力比抗急冷破坏的能力强。玻璃的热稳定性主要受热膨胀系数影响。玻璃热膨胀系数越小，热稳定性越高。玻璃越厚、体积越大，热稳定性越差；带有缺陷的玻璃，特别是带结石、条纹的玻璃，热稳定性也差。

（4）玻璃的力学性质

① 抗压强度　玻璃的抗压强度较高，超过一般的金属和天然石材，一般为600～1200MPa。其抗压强度值会随着化学组成的不同而变化。

② 抗拉、抗弯强度　玻璃的抗拉强度很小，一般为40～80MPa，因此，玻璃在冲击力的

作用下极易破碎。抗弯强度也取决于抗拉强度，通常在40～80MPa之间。

③ 其他力学性质　常温下玻璃具有很好的弹性。常温下普通玻璃的弹性模量为60000～75000MPa，约为钢材的1/3，与铝相近。玻璃具有较高的硬度，接近长石的硬度。玻璃的硬度也因其工艺、结构不同而不同。

（5）玻璃的化学稳定性　玻璃具有较高的化学稳定性，它可以抵抗除氢氟酸以外所有酸类的侵蚀，硅酸盐玻璃一般不耐碱。玻璃遭受侵蚀性介质腐蚀，也能导致变质和破坏。大气对玻璃侵蚀作用实质上是水气、二氧化碳、二氧化硫等作用的总和。实践证明，水气比水溶液具有更大的侵蚀性。普通窗玻璃长期使用后出现表面光泽消失，或表面晦暗，甚至出现斑点和油脂状薄膜等，就是由于玻璃中的碱性氧化物在潮湿空气中与二氧化碳反应生成碳酸盐造成的。这一现象称为玻璃发霉。可用酸浸泡发霉的玻璃表面，并加热至400～450℃除去表面的斑点或薄膜。通过改变玻璃的化学成分，或对玻璃进行热处理及表面处理，可以提高玻璃的化学稳定性。

7.2　玻璃的组成及制造工艺

7.2.1　玻璃的原料

主要原料构成玻璃的主体并确定了玻璃的主要物理化学性质，辅助原料赋予玻璃特殊性质和给制作工艺带来方便。

（1）玻璃的主要原料

① 硅砂或硼砂：硅砂或硼砂引入玻璃的主要成分是氧化硅或氧化硼，它们在燃烧中能单独熔融成玻璃主体，决定了玻璃的主要性质，相应地称为硅酸盐玻璃或硼酸盐玻璃。

② 苏打或芒硝：苏打和芒硝引入玻璃的主要成分是氧化钠，它们在煅烧中能与硅砂等酸性氧化物形成易熔的复盐，起了助熔作用，使玻璃易于成型。

③ 石灰石、白云石、长石等：石灰石引入玻璃的主要成分是氧化钙，增强玻璃化学稳定性和机械强度，但含量过多使玻璃析晶和降低耐热性。

④ 碎玻璃：一般来说，制造玻璃时不是全部用新原料，而是掺入15%～30%的碎玻璃。

（2）玻璃的辅助原料

① 脱色剂：原料中的杂质如铁的氧化物会给玻璃带来色泽，常用纯碱、碳酸钠、氧化钴、氧化镍等作脱色剂，它们在玻璃中呈现与原来颜色的补色，使玻璃变成无色。

② 着色剂：某些金属氧化物能直接溶于玻璃溶液中使玻璃着色。如氧化铁使玻璃呈现黄色或绿色，氧化锰能呈现紫色，氧化钴能呈现蓝色，氧化镍能呈现棕色，氧化铜和氧化铬能呈现绿色等。

③ 澄清剂：澄清剂能降低玻璃熔液的黏度，使化学反应所产生的气泡易于逸出而澄清。常用的澄清剂有白砒、硫酸钠、硝酸钠、铵盐、二氧化锰等。

④ 乳浊剂：乳浊剂能使玻璃变成乳白色半透明体。常用乳浊剂有冰晶石、氟硅酸钠、磷化锡等。

7.2.2 玻璃制品的加工和装饰

成型后的玻璃制品一般不能满足装饰性或适用性，需要进行加工，以得到不同要求的制品。经加工后的玻璃不仅使外观与表面性质得到改善，同时也提高了装饰性。建筑玻璃的加工与装饰方法主要有以下几种。

（1）研磨与抛光　为了使制品具有需要的尺寸和形状或平整光滑的表面，可采用不同磨料进行研磨，开始用粗磨料研磨，然后根据需要逐级使用细磨料，直至玻璃表面变得较细微。需要时，再用抛光材料进行抛光，使表面变得光滑、透明，并具有光泽。经研磨、抛光后的玻璃称为磨光玻璃。常用的玻璃是金刚石、刚玉、碳化硅、碳化硼、石英砂等。抛光材料有氧化铁、氧化铬、氧化铈等金属氧化物。抛光盘一般用毛毡、呢绒、马兰草根等制作。

（2）表面处理　表面处理是玻璃生产中十分重要的工序。其目的与方法大致如下。

① 化学蚀剂：目的是改变玻璃表面质地形成光滑面和散光面。用氢氟酸类溶液进行侵蚀，使玻璃表面呈现凹凸形或去掉凹凸形。

② 表面着色：在高温或电浮条件下金属离子会向玻璃表面层扩散，使玻璃表面呈现颜色，因此可将着色离子的金属、熔盐、盐类的糊膏涂覆在玻璃表面，在高温或电浮条件下使玻璃表面着色。

③ 表面金属涂层：玻璃表面可以镀上一层金属薄膜以获得新的功能，方法有化学法和真空沉积法及加热喷涂法等。

7.3　玻璃的分类

玻璃的品种很多，可以按化学组成、制品结构与性能来分类。

7.3.1　按玻璃的化学组成分类

（1）钠玻璃　钠玻璃主要由氧化硅、氧化钠、氧化钙组成，又名钠钙玻璃或普通玻璃，含有铁杂质使制品带有浅绿色。钠玻璃的力学性质、热性质、光学性质及热稳定性较差，用于制造普通玻璃和日用玻璃制品。

（2）钾玻璃　钾玻璃是以氧化钾代替钠玻璃中的部分氧化钠，并适当提高玻璃中氧化硅含量制成。它硬度较大，光泽好，又称为硬玻璃。钾玻璃多用于制造化学仪器、用具和高级玻璃制品。

（3）铝镁玻璃　铝镁玻璃是以部分氧化镁和氧化铝代替钠玻璃中的部分碱金属氧化物、碱土金属氧化物及氧化硅制成的。它的力学性质、光学性质和化学稳定性都有所改善，用来制造高级建筑玻璃。

（4）铅玻璃　铅玻璃又称铅钾玻璃、重玻璃或晶质玻璃。它是由氧化铅、氧化钾和少量氧化硅组成。这种玻璃透明性好，质软，易加工，光折射率和反射率较高，化学稳定性好，用于制造光学仪器、高级器皿和装饰品等。

（5）硼硅玻璃　硼硅玻璃又称耐热玻璃，它是由氧化硼、氧化硅及少量氧化镁组成。它有较好的光泽和透明性，力学性能较强，耐热性、绝缘性和化学稳定性好，用来制造高级化学仪器和绝缘材料。

（6）石英玻璃　石英玻璃是由纯净的氧化硅制成，具有很强的力学性质，热性质、光学性质、化学稳定性也很好，并能透过紫外线，用来制造高温仪器灯具、杀菌灯等特殊制品。

7.3.2　按制品结构与性能分类

7.3.2.1　平板玻璃

（1）浮法玻璃　平板玻璃包括拉引法生产的普通平板玻璃和浮法玻璃。由于浮法玻璃比普通平板玻璃具有更好的性能，因此，仅介绍浮法玻璃的有关内容。浮法玻璃按厚度分为3mm、4mm、5mm、6mm、8mm、10mm、12mm七类，浮法玻璃按等级分为优等品、一级品和合格品三等。浮法玻璃主要用作汽车、火车、船舶的门窗风挡玻璃，建筑物的门窗玻璃，制镜玻璃以及玻璃深加工原片。

（2）钢化玻璃　钢化玻璃是将玻璃加热到接近玻璃软化点的温度（600～650℃）以迅速冷却或用化学方法钢化处理所得的玻璃深加工制品。它具有良好的力学性能和耐热冲击性能，故又称为强化玻璃。钢化玻璃经处理表面产生了均匀的压应力（见图7-1），它的强度是经过良好退火处理的玻璃的3～10倍，抗冲击性能也大大提高。钢化玻璃破碎时出现网状裂纹，或产生细小碎粒，不会伤人，故又称安全玻璃。钢化玻璃的耐热冲击性能很好，最大的安全工作温度为287.78℃，并能承受204.44℃的温差，故可用来制造高温炉上的观测窗、辐射式气体加热器和干燥器等。由于钢化玻璃具有较好的性能，所以，它在汽车工业、建筑工程以及军工领域等行业得到了广泛应用。常用作高层建筑的门、窗、幕墙、屏蔽及商店橱窗、军舰与轮船舷窗以及桌面玻璃等。钢化玻璃有普通钢化玻璃、钢化吸热玻璃、磨光钢化玻璃等品种，目前在上海、沈阳、厦门等地均有生产。钢化玻璃制品有平面钢化玻璃、弯钢化玻璃、半钢化玻璃和区域钢化玻璃等。平面钢化玻璃主要用作建筑工程的门窗、隔墙与幕墙等；弯钢化玻璃主要用作汽车车窗玻璃；半钢化玻璃主要用作暖房、温室及隔墙等的玻璃窗；区域钢化玻璃主要用作汽车的风挡玻璃。钢化玻璃不能切割、磨削，边角不能碰击，使用时需选择现成尺寸规格或

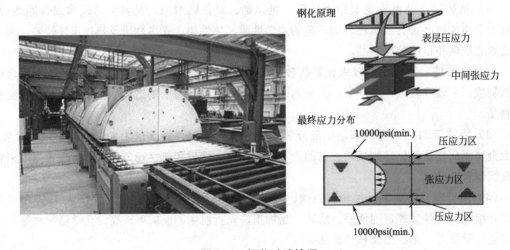

图7-1　钢化玻璃处理

提出具体设计图纸加工定做。此外，钢化玻璃在使用过程中严禁溅上火花。否则，当其再经受风压或振动时，伤痕将会逐渐扩展，导致破碎。

（3）夹层玻璃 夹层玻璃系两片或多片平板玻璃之间嵌夹透明塑料薄片，经加热、加压，粘合而成的平面或弯曲的复合玻璃制品（见图7-2）。夹层玻璃的抗冲击性比普通平板玻璃高出几倍。玻璃破碎时不裂成碎块，仅产生辐射状裂纹和少量玻璃碎屑，而且碎片仍粘贴在膜片上，不致伤人。因此夹层玻璃也属于安全玻璃。夹层玻璃的透光性好，如2mm+2mm厚玻璃的透光率为82%。夹层玻璃还具有耐久、耐热、耐湿、耐寒等性质。生产

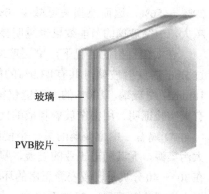

玻璃

PVB胶片

图7-2　夹层玻璃构造

夹层玻璃的厚片可以采用普通平板玻璃、浮法玻璃、钢化玻璃、彩色玻璃、吸热玻璃和热反射玻璃等。常用的热塑性树脂薄片为聚乙烯醇缩丁醛（PVB）。夹层玻璃的品种很多，有减薄夹层玻璃、遮阳夹层玻璃、电热夹层玻璃、防弹夹层玻璃、玻璃纤维增强夹层玻璃、报警夹层玻璃、防紫外线夹层玻璃、隔音夹层玻璃等。夹层玻璃主要用作汽车和飞机的风挡玻璃、防弹玻璃以及有特殊安全要求的建筑物的门窗、隔墙、工业厂房的天窗和某些水下工程。

（4）中空玻璃 中空玻璃由两层或两层以上的平板玻璃原片构成，四周用高强度气密性复合胶黏剂将玻璃及铝合金框和橡胶条、玻璃条粘接、密封，中间充入干燥气体，还可以涂上各种颜色或不同性能的薄膜，框内充以干燥剂，以保证玻璃原片间空气的干燥（见图7-3）。玻璃原片可以采用普通平板玻璃、钢化玻璃、压花玻璃、热反射玻璃、吸热玻璃和夹丝玻璃等。其加工方法分为胶接法、焊接法和熔接法。优质的中空玻璃寿命可达25年之久。国外中空玻璃的应用较为普遍。1990年，美国有90%的住宅使用了中空玻璃。一些欧洲国家还规定所有建筑物必须全部采用中空玻璃，禁止普通玻璃作窗玻璃。近年来，随着人们对建筑节能重要性认识的提高，中空玻璃的应用在我国也受到了重视。因此，具有显著节能作用的中空玻璃在建筑领域具有广阔的应用前景。中空玻璃广泛应用于高级住宅、饭店、宾馆、办公楼、学校、医院、商店等需要室内空调的场合，也可以用于汽车、火车、轮船的门窗等处。

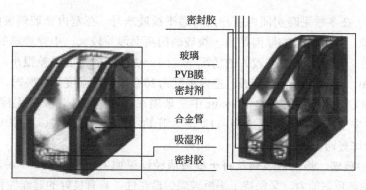

密封胶

玻璃

PVB膜

密封剂

合金管

吸湿剂

密封胶

图7-3　中空玻璃结构

中空玻璃主要性能如下。

① 节能 建筑门窗使用中空玻璃是一种有效的环保节能途径。单层玻璃的门窗是建筑物冷（热）量最大的损耗点，而中空玻璃的传热系数仅为1.63～3.1W/（m·K），是单层玻璃的

29% ～ 56%，因而热损失可减少70%左右，大大减轻采暖（冷）空调的负载。显然窗户面积越大，中空玻璃的节能效果也越明显。

在太阳直射的情况下，单层玻璃和中空玻璃的节能作用是明显不同的。100%的太阳能通过5mm热反射玻璃时共有83.9%的能量透过；而由5mm热反射玻璃和4mm浮法玻璃制成的18mm中空玻璃，100%的太阳能仅能透入17.8%。可见，中空玻璃的节能效果是非常显著的。有关实验证明，用中空玻璃制成的优质门窗，能有效地使室内、外温差在12℃以上。

②隔音　中空玻璃的另一个使用功能就是能大幅度降低噪声的分贝数。噪声是城市的一大污染源，尤其随着工业的发展，噪声对人们的伤害越来越严重。医学和心理学证明，噪声级在30～40分贝是比较安静正常的环境；超过50分贝就会影响睡眠和休息；70分贝以上干扰谈话，造成心烦意乱，精神不集中；长期工作或生活在90分贝以上的噪声环境，会严重影响听力和导致心脏血管等其他疾病的发生；在高频率的噪声下，人们容易烦躁不安、激动，影响工作效率。中空玻璃具有良好的降低噪声效果。一般的中空玻璃可降低噪声30～45分贝，即能将街道汽车噪声降低到学校教室的安静程度。

同一厚度不同性质的玻璃，其降低噪声的分贝数相差不大；但不同厚度同一性质的玻璃，其隔音性能是有所差别的，玻璃的厚度越大，其隔音效果越好。但无论如何，单片玻璃或其两片叠加厚度玻璃的隔音效果，均不如用其制成的中空玻璃（见图7-4）。

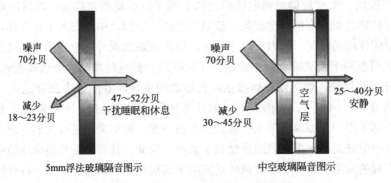

噪声
70分贝

减少
18～23分贝

47～52分贝
干扰睡眠和休息

5mm浮法玻璃隔音图示

噪声
70分贝

减少
30～45分贝

空气层

25～40分贝
安静

中空玻璃隔音图示

图7-4　浮法玻璃和中空玻璃隔音示意

③防结露　在冬季采暖房间内窗户用普通平板玻璃时，在室内侧玻璃表面上有冷凝水，这就是结露现象。导致结露的原因是同一块玻璃的两面温差较大。中空玻璃的中间层为干燥空气，隔热性好，在室内外温差较大的情况下，同一块玻璃的两面温差很小，因此可以防止结露结霜。例如，当室外风速为5m/s，室内温度为20℃，相对湿度为60%时，5mm单层玻璃在室外温度为8℃时，开始结露；而16mm中空玻璃在同样条件下，室外温度为-2℃时才结露，27mm三层中空玻璃在室外温度为-11℃时才开始结露。一般来说，中空玻璃的露点温度在-40℃，至少比普通窗低15℃左右。

（5）热反射玻璃　热反射玻璃是将平板玻璃经过深加工处理得到的一种新型玻璃制品。它既具有较高的热反射能力，又保持了平板玻璃的透光性，具有良好的遮光性和隔热性能。它用于建筑的门窗及隔墙等处。热反射玻璃对太阳辐射的反射率高达30%左右，而普通玻璃仅为7%～8%，因此，热反射玻璃在日晒时能保证室内温度的稳定，并使光线柔和，改变建筑物内的色调，避免眩光，改善了室内的环境。镀金属膜的热反射玻璃还有单向透视作用，故可用作建筑的幕墙或门窗，使整个建筑变成一座闪闪发光的玻璃宫殿，映出周围景物的变幻，可谓千姿百态，美妙非凡。

（6）吸热玻璃　既能保持较高的可见光透过率，又能吸收大量红外辐射的玻璃称为吸热玻璃。吸热玻璃的生产是在普通钠-钙硅酸盐玻璃中加入有着色作用的氧化物，如氧化铁、氧化镍、氧化钴以及氧化硒等；或在玻璃表面喷涂氧化锡、氧化钴、氧化铁等有色氧化物薄膜，使玻璃带色，并具有较高的吸热性能。吸热玻璃按颜色分为灰色、茶色、绿色、古铜色、金色、棕色和蓝色等；按成分分为硅酸盐吸热玻璃、磷酸盐吸热玻璃、光致变色玻璃和镀膜玻璃等。吸热玻璃具有以下特性：

① 吸收太阳光辐射。如6mm蓝色吸热玻璃能挡住50%左右的太阳辐射能。

② 吸收可见光。如6mm普通玻璃可见光透过率为78%，同样厚度的古铜色玻璃仅为26%。吸热玻璃能使刺目的阳光变得柔和，起到反眩作用。特别是在炎热的夏天，能有效地改善室内光照，使人感到舒适凉爽。

③ 吸收太阳光紫外线。能有效减轻紫外线对人体和室内物品的损害。特别是有机材料，如塑料和家具油漆等，在紫外线作用下易产生老化及褪色。

④ 具有一定的透明度，能清晰地观察室外的景物。

⑤ 玻璃色泽经久不变。

目前，吸热玻璃已广泛用于建筑工程的门窗或外墙以及车船的风挡玻璃等，起到采光、隔热、防眩作用。吸热玻璃还可按不同的用途进行加工，制成磨光玻璃、钢化玻璃、夹层玻璃、镜面玻璃及中空玻璃等玻璃深加制品。无色磷酸盐吸热玻璃能大量吸收红外线辐射热，可用于电影拷贝和放映以及彩色印刷等。

（7）玻璃马赛克　玻璃马赛克又称玻璃锦砖，其名称源于拉丁文，英文为MOSAIC。历史上，马赛克泛指镶嵌艺术作品，后来指由不同色彩的小块镶嵌而成的平面装饰。玻璃马赛克是将长度不超过45mm的各种颜色和形状的玻璃质小块铺贴在纸上而制成的一种装饰材料。它与陶瓷锦砖的主要区别是：玻璃质结构，呈乳浊状或半乳浊状，内含少量气泡和未熔颗粒；单块产品断面呈楔形，背面有锯齿状或阶梯状的沟纹，以便粘贴牢固。玻璃马赛克具有如下特点：

① 色泽绚丽多彩，典雅美观。"赤橙黄绿青蓝紫"诸色彩兼备，用户可根据不同的需要进行选择。特别是近年生产的金星玻璃马赛克产品，除了具有普通马赛克的特点外，还能随外界光线的变化映出不同的色彩，恰似金星闪烁、璀璨耀眼。不同色彩图案的马赛克可以组合拼装成各色壁画，装饰效果十分理想。

② 质地坚硬，性能稳定，具有耐热、耐寒、耐候、耐酸碱等性能。由于玻璃马赛克的断面比普通陶瓷有所改进，其吃灰深、黏结较好、不易脱落、耐久性较好，因而不积尘，天雨自涤，经久常新。

③ 价格较低。一般陶瓷马赛克为9～11元/m^2，而玻璃马赛克仅需7.50～10.00元/m^2。

④ 施工方便。减少了材料堆放，减轻了工人的劳动强度，施工效率提高。玻璃马赛克适用于宾馆、医院、办公楼、礼堂、住宅等建筑的外墙装饰。

（8）其他品种玻璃

① 磨砂玻璃　磨砂玻璃又称为毛玻璃，它是将平板玻璃的表面经机械喷砂、手工研磨或用氢氟酸溶蚀等方法处理成均匀毛面而成。由于表面粗糙，只能透光而不能透视，多用于需要隐秘或不受干扰的房间，如浴室、卫生间和办公室的门窗等，也可用作黑板。

② 压花玻璃　压花玻璃又称为滚花玻璃，是在平板玻璃硬化前用带有花样图案的滚筒压制而成的。由于压花玻璃表面凹凸不平而具有不规则的折射光线，可将集中光线分散，使室内

光线柔和，且有一定的装饰效果。常用于办公室、会议室、浴室及公共场所的门窗和各种室内隔断。

③ 夹丝玻璃　将编织好的钢丝网压入已软化的玻璃即制成夹丝玻璃。这种玻璃的抗折强度高，抗冲击能力和耐温度剧变的性能比普通玻璃好。破碎时其碎片附着在钢丝上，不致飞出伤人。适用于公共建筑的走廊、防火门、楼梯、厂房天窗及各种采光屋顶等。

④ 光致变色玻璃　在玻璃中加入卤化银，或在玻璃与有机夹层中加入铝和钨的感光化合物，就能获得光致变色性。光致变色玻璃受太阳或其他光线照射时，颜色随着光线的增强而逐渐变暗；照射停止时又恢复原来的颜色。目前，光致变色玻璃的应用已从眼镜片开始向交通、医学、摄影、通信和建筑领域发展。

⑤ 泡沫玻璃　泡沫玻璃是以玻璃碎屑为原料，加少量发气剂，经发泡炉发泡后脱模退火而成的一种多孔轻质玻璃。其孔隙率可达80%～90%，气孔多为封闭型的，孔径一般为0.1～5.0mm。其特点是热导率低、机械强度较高、表观密度小于160kg/m³、不透水、不透气，能防火，抗冻性强，隔声性能好，可锯、钉、钻，是良好的绝热材料，可用作墙壁、屋面保温，或用于音乐室、播音室的隔声等。

⑥ 镭射玻璃　镭射（英文Laser的音译）玻璃是国际上十分流行的一种新型建筑装饰材料。它是以平板玻璃为基材，采用高稳定性的结构材料，经特殊工艺处理，从而构成全息光栅或其他图形的几何光栅。在同一块玻璃上可形成上百种图案。镭射玻璃的特点在于，当它处于任何光源照射下时，都将因衍射作用而产生色彩的变化；而且，对于同一受光点或受光面而言，随着入射光角度及人的视角的不同，所产生的光的色彩及图案也将不同。五光十色的变幻给人以神奇、华贵和迷人的感受。其装饰效果是其他材料无法比拟的。镭射玻璃是用于宾馆、饭店、电影院等文化娱乐场所以及商业设施装饰的理想材料，也适用于民用住宅的顶棚、地面、墙面及封闭阳台等的装饰。此外，还可用于制作家具、灯饰及其他装饰性物品。

⑦ 玻璃砖　玻璃砖又称特厚玻璃，分为实心砖和空心砖两种。实心玻璃砖是用熔融玻璃采用机械模压制成的矩形块状制品。空心玻璃砖是由箱式模具压成凹形半块玻璃砖，然后再将两块凹形砖熔结或粘接而成的方形或矩形整体空心制品。砖内外可以压铸出各种条纹，空心砖按内部结构可分为单空腔和双空腔两类，后者在空腔中间有一道玻璃肋。玻璃空心砖有115mm、145mm、240mm、300mm等规格；可以用彩色玻璃制作，也可以在其内腔用透明涂料涂饰。玻璃空心砖的容重较低（800kg/m³）、热导率较低[0.46W/(m·K)]、有足够的透光率（50%～60%）和散射率（25%），其内腔制成不同花纹可以使外来光线扩散或使其向指定方向折射，具有特殊的光学特性。玻璃砖可用于建造透光隔墙、淋涂隔断、楼梯间、门厅、通道等和需要控制透光、眩光和阳光直射的场合。

7.3.2.2　装饰玻璃纤维制品

（1）玻璃纤维　一般指用制造玻璃的原料，经高温熔化后，用特殊机具拉制或用压缩空气、高压蒸汽喷吹、离心成型等方法制成的玻璃态纤维或丝状物。玻璃纤维的品种很多，其化学成分、生产方法、形态、性能与用途也各不相同，因此也就有不同的分类法，但根据纤维形态和长度大体可分为以下三大类。

① 连续玻璃纤维或称纺织玻璃纤维。其生产方法主要是熔融玻璃液经耐高温材料制作的漏板流出，用高速旋转的滚筒拉制多根纤维束而成。经纺织加工后，可制成玻璃纱、布、带、绳和无捻粗纱等制品。

② 定长玻璃纤维或称玻璃长棉。它是一根根杂乱的单纤维，可制成毡片或毛纱，毛纱也可制成布、带。定长玻璃纤维是采用高速气流喷吹或将熔融玻璃液体拉制成纤维后再经切制而成。

③ 玻璃棉。玻璃棉是一种纤维长度较短的玻璃纤维，在形态上组织蓬松，类似棉絮，也称为玻璃短棉。玻璃短棉是经蒸汽喷吹、离心法、离心喷吹及火焰喷吹等方法加工而成。玻璃纤维具有容重小、热导率低、吸声性好、过滤效率高、不燃烧、耐腐蚀等优良性能，用其长纤维可织成玻璃纤维贴墙布，玻璃纤维布经树脂黏结热压后制成玻璃钢装饰板，玻璃棉经热压加工制成玻璃棉装饰板。

（2）玻璃纤维贴墙布　玻璃纤维贴墙布是以中碱性玻璃纤维布为基材，表面涂以耐磨树脂，印以彩色图案而成。其色彩鲜艳，花样繁多，是一种优良的饰面材料。在室内使用时，具有不褪色、不老化、耐腐蚀、不燃烧、不吸湿等优良特性，而且易于施工，可刷洗，适用于建筑、车船等内室的墙面、顶棚、梁柱等贴面装饰用。贴墙布粘贴于墙面上，当室温15℃、相对湿度9%时，经24h，其吸湿率不大于0.5%。在1%的肥皂水中煮沸不褪色。水泥墙、石灰墙、油漆墙、乳胶漆墙、石膏板墙及层压板墙上均可直接粘贴。

（3）玻璃棉装饰吸声板　玻璃棉装饰吸声板是以玻璃棉为主要原料，加入适量的胶黏剂、防潮剂、防腐剂等，经热压成型加工而成的板材。玻璃棉装饰吸声板具有质轻、吸声、防火、隔热、保温、美观大方、施工方便等特点，用于影剧院、会堂、音乐厅、播音室、录音室等可以控制和调整室内的混响时间，消除回声，改善室内音质，提高语音清晰度，用于旅馆、医院、办公室、会议室、商场以及吵闹场所，加工厂车间、仪表控制间、机房等，可以降低室内噪声级，改善生活环境与劳动条件。在此同时它也起到了室内装饰的作用。

（4）玻璃钢装饰板　玻璃钢是玻璃纤维增强塑料的俗称，它是以玻璃纤维及其制品为增强材料，以合成树脂为黏结剂，经一定的成型方法制作而成的一种新型材料。它集中了玻璃纤维及合成树脂的优点，具有重量轻、强度高、热性能好、电性能优良、耐腐蚀、抗磁、成型制造方便等优良特性。它的质量轻、强度接近钢材，因此，人们常把它称为玻璃钢。玻璃钢装饰板是以玻璃纤维布为增强材料，以不饱和聚酯树脂为胶黏剂，在固化剂、催化剂的作用下经加工而成的装饰板材。玻璃钢装饰板色彩多样、美观大方、漆膜光亮、硬度高、耐磨、耐酸碱、耐高温，是一种优良的室内装饰材料。适用于粘贴在各种基层、板材表面上作建筑装饰和家具用。

7.4　玻璃的安装方法

7.4.1　门窗玻璃的安装

（1）木门窗玻璃的安装　木门窗玻璃的安装工艺，一般分为分放玻璃、清理裁口、涂抹底油灰、嵌钉固定、涂表面油灰和钉木压条等六道工序。具体介绍如下：

① 分放玻璃。按照当天需安装的数量、大小，将已裁割好的玻璃分放于安装地点，注意切勿放在门窗开关范围内，以防不慎碰撞碎裂。

② 清理裁口。玻璃安装前，必须清除门窗裁口（玻璃槽）内的灰尘和杂物，以保证油灰

与槽口的有效黏结。

③ 涂抹底油灰。在玻璃底面与裁口之间，沿裁口的全长抹厚1～3mm底油灰，要求均匀连续，随后将玻璃推入裁口并压实。待底油灰达到一定强度时，顺着槽口方向，将溢出底油灰刮平清除。底油灰的作用是使玻璃和玻璃框紧密吻合，以免玻璃在框内振动发声，也可减少因玻璃振动而造成的破裂，因而涂抹应挤实严密。

④ 嵌钉固定。玻璃四边均须钉上玻璃钉，每个钉间距离一般不超过300mm，每边不少于2个，要求钉头紧靠玻璃。钉完后，还需检查嵌钉是否牢固，一般由轻敲玻璃所发生的声音判断。

⑤ 涂抹表面油灰。选用无杂质、稠度适中的油灰涂抹表面。油灰不能抹得太多或太少，太多造成油灰的浪费，太少又不能涂抹均匀。一般用油灰刀从一角开始，紧靠槽口边，均匀地用力向一方向刮成斜坡形，再向反方向理顺光滑，如此反复修整，四角成八字形，表面光滑无流淌、裂缝、麻面和皱皮现象，黏结牢固，以使打在玻璃上的雨水易于流走而不致腐蚀门窗框。涂抹表面油灰后用刨铁收刮油灰时，如发现玻璃钉外露，应敲进油灰面层。

⑥ 木压条固定玻璃。选用大小宽窄一致的优质木压条，用小钉钉牢。钉帽应进入木压条表面1～3mm，不得外露。木压条要紧贴玻璃、无缝隙，也不得将玻璃压得过紧，以免挤破玻璃，要求木压条光滑平直。

（2）铝合金、涂色镀锌钢板门窗玻璃的安装　铝合金、涂色镀锌钢板门窗由于加入了合金元素，并经热处理加工制成，不但提高了强度和硬度，还具有良好的耐腐蚀性和装饰性。为了保证框扇的密封性，安装玻璃时应注意控制以下几点：

① 玻璃裁割。玻璃裁割必须尺寸准确，边缘不得歪斜，玻璃与槽口的间隙应符合设计要求。

② 清理槽口。框扇槽口内的灰尘、杂物应清除干净，排水孔畅通。使用密封胶时，黏结处必须干净、干燥。

③ 安装玻璃。在安装玻璃时，应注意下列事宜：

a.按设计要求安装。

b.玻璃应放在定位垫块上，面积较大的开扇和玻璃应在垂直边位置上设搁置片，上端的搁置片固定在框或扇上。固定框、扇的玻璃应放在两块相同的定位垫块上，搁设点设在距离玻璃垂直的距离为玻璃宽度的1/4。定位垫块的宽度应大于支撑的玻璃厚度，长度以不小于25mm为宜。定位垫块下面应设铝合金垫片，不能采用木质的垫块和垫片。

c.玻璃镶于槽口内，应用镶通长的嵌条压住或用其他材料填塞密实，保证玻璃垂直平整，不致晃动发生翘曲，特别是迎风面对玻璃，应镶通长的嵌条压住或用垫片固定，且位于室外一侧的嵌条，还必须采取防风雨的措施。先安装的嵌条必须紧贴玻璃、槽口，后安装的嵌条，在转角处宜涂少量密封胶。

d.两侧密封胶缝时，必须填充密实，使表面平滑。被密封胶污染的框、扇和玻璃，应及时擦净。

④ 成品保护。玻璃安装完毕，应采取保护措施，以防碰碎。

（3）塑料门窗玻璃的安装　塑料门窗的安装与铝合金门窗的安装相同。

7.4.2　厚玻璃装饰门的安装（无框门的安装）

厚玻璃门是指厚度为12mm以上的玻璃装饰门。一般由活动扇和固定玻璃两部分组合而成，其门框分不锈钢、铜和铝合金饰面。

（1）固定门框厚玻璃的安装要点

① 放线、定点。根据设计要求，放出门框位置线确定固定及活动部分位置线。

② 安装门框顶部不锈钢限位槽。限位槽的宽度大于玻璃厚度2～4mm，槽深10～20mm。

③ 安装不锈钢饰面木底托。先用木方固定在地面上，再用万能胶将不锈钢饰面板粘在木方上。铝合金方管，可用铝角固定在框柱上，或用木螺钉固定于埋入木楔上。

④ 裁玻璃。应实测底部、中部和顶部的尺寸，选择最小尺寸为玻璃厚度的裁切尺寸。如果上、中、下测得的尺寸一致，则裁切尺寸，其宽度小于实测尺寸2～3mm，高度小于3～5mm。裁好的玻璃，应用手细砂轮块在四周边进行倒角磨角，倒角宽2mm。

⑤ 安装玻璃。用玻璃吸盘把厚玻璃吸紧抬起，将厚玻璃板先插入门框顶部的限位槽内，然后放在底托上，使厚玻璃板的边部，正好封住测框柱的不锈钢饰面对缝口。

⑥ 玻璃固定。在底托木方上钉木板条，距厚玻璃板4mm左右。然后在木板条上涂刷万能胶，将饰面不锈钢板粘在木方上。

⑦ 注入玻璃胶封口。在顶部限位槽处和底托固定，以及厚玻璃板与框柱的对缝处注入玻璃胶，使玻璃胶在缝隙处形成一条表面均匀的直线。最后刮去多余的玻璃胶，并用干净布擦去胶迹。

在厚玻璃对接时，对接缝应留2～3mm的距离，厚玻璃边需倒角。两块相接的厚玻璃定位并固定后，用玻璃胶注入缝隙中，注满之后，在厚玻璃两面刮平玻璃胶，用净布擦去胶迹。

（2）活动门扇厚玻璃的安装要点　厚玻璃活动门扇无门扇框。活动门扇的开闭是靠与门窗的金属上下横档铰接的地弹簧来实现。

① 安装地弹簧。地弹簧是安装于各类门扇下面的一种自动闭门装置。

② 在门扇的上下横档内划线，并按线固定转动销的孔板。安装时可参考地弹簧产品所附的安装说明。

③ 钻好安装门把手的孔洞（通常在购买厚玻璃时，就要求加工好）。注意厚玻璃的高度尺寸，但包括插入上下横档的安装部分。通常厚玻璃的裁切尺寸，应小于测量尺寸5mm左右，以便进行调解。

④ 把上下横档分别安装在厚玻璃门扇上下边，并进行门窗高度测量。如果门扇上的上下边距门框和地面的缝隙超过规定值，可向上下横档内的玻璃底下垫木夹板条。如果门扇高度超过安装尺寸，则需裁去玻璃门扇的多余部分。

⑤ 在定好高度后，进行上下横档的固定。在厚玻璃与金属上下横档内的两侧空隙处，同时插入小木条，然后在小木条、厚玻璃、横档之间的缝隙中注入玻璃胶。

⑥ 门窗定位安装。先将门框横梁上的定位销用本身的调节螺钉调出横梁平面1～2mm，再将玻璃门扇竖起来，把门扇下横档内的转动销连接件的空位对准弹簧的转动销轴，并转动门扇将孔位套入销轴上。然后以销轴为中心，将门扇转动90°（转动时要扶正扇门），使门扇与门横梁成直角，此时即可把门扇上横档中的转动连接件的孔，对正门框梁上的定位销，并把定位销调出，插入门扇横档转动销连接件的孔内15mm左右。

⑦ 安装玻璃门拉手。安装前，在拉手插入玻璃的部分涂少许玻璃胶。拉手组装时，其根部与玻璃贴靠紧密后，再拧紧固定螺钉，以保证拉手没有丝毫松动现象。

7.4.3　玻璃隔断的安装

玻璃花格透式隔断，可根据需要选用彩色玻璃、刻花玻璃、压花玻璃和玻璃砖等，或者采用夹花、喷涂等工艺。

① 拼花彩色玻璃隔断安装前，应按拼花要求计划好各类玻璃和零配件需要量。

② 把已裁好的玻璃按部位编号，并分别竖向堆放待用。

③ 用木框安装玻璃时，在木框上要裁口或挖槽，其上镶玻璃，玻璃四周常用木压条固定。

④ 用铝合金框时，玻璃镶嵌后应用橡胶带固定玻璃。

⑤ 玻璃安装后，应随时清理玻璃，特别是冰雪片彩色玻璃，要防止污垢积淤，影响美观。

7.4.4　玻璃砖隔墙的施工

玻璃砖以砌筑局部墙面为主，其特色是可以提供自然采光，兼隔热、隔声和装饰作用，其透光和散光现象所造成的视觉效果，非常富于装饰性。

玻璃砖砌体隔墙的施工采用十字缝立砖砌法，具体步骤如下。

（1）排砖　根据弹好的位置线，首先要认真核对玻璃砖墙长度尺度是否符合排砖模数。若不符合，可调整隔墙两侧的槽钢或木框的厚度及砖墙的厚度，但隔墙两侧调整的宽度要保持一致，并与隔墙上部槽钢调整后的宽度也要尽量保持一致。

玻璃砖应挑选棱角整齐、规格相同、砖的对角线基本一致、表面无裂痕和磕碰的砖。

（2）挂线　砌筑第一层应双面挂线。若玻璃砖隔墙较长，则应在中间多设几个支线点，每层玻璃砖砌筑时均需挂平线。

（3）砌筑　有以下几个要点：

① 玻璃砖采用白水泥：细砂=1：1的水泥浆，或白水泥：107胶=100：7的水泥浆（质量比）砌筑。白水泥浆要有一定的稠度，以不流淌为好。

② 按上、下层对缝的方式，自下而上砌筑。

③ 为了保证玻璃砖墙的平整性及砌筑方便，每次玻璃砖在砌筑之前，宜在玻璃砖上放置垫木块。其长度有两种：玻璃砖厚度为50mm时，木垫块长35mm左右；玻璃砖厚度为80mm时，木垫块长60mm左右。每块玻璃砖上放两块，卡在玻璃砖的凹槽内。

④ 砌筑时，将上层玻璃砖下压在下层玻璃砖上，同时使玻璃砖的中间槽卡在木垫块上，两层玻璃砖的间距为5～8mm。缝中承力钢筋间隔小于650mm，伸入竖缝和横缝，并与玻璃砖上下两侧的框体和结构体牢固连接。

⑤ 每砌完一层后，要用湿布将玻璃砖面上沾着的水泥擦去。

（4）勾缝　玻璃砖墙砌筑完后，立即进行表面勾缝。先勾水平缝，再勾竖缝，缝的深度要一致。

7.4.5　装饰玻璃镜的安装

装饰玻璃镜是采用高质量平板玻璃、茶色平板玻璃为基材，在其表面经镀银工艺，再覆盖一层镀银，加之一层涂底漆，最后涂上灰色面漆而制成。它具有抗烟雾、抗温热性能好、使用寿命长的特点，用于室内墙面、柱面、天棚面的装饰。安装固定通常用玻璃钉、黏结和压线条的方式。小尺寸镜面的厚度为3mm，大尺寸镜面的厚度在5mm以上。

7.4.5.1　天棚镜面玻璃的安装要点

（1）基本要求

① 天棚玻璃镜敷设的基层，一般为木基层，且要求基层做防水。

② 固定玻璃镜的固定件，必须固定在吊顶龙骨上。

③ 玻璃镜安装前，应根据吊顶龙骨尺寸和玻璃镜面尺寸，在基层弹线，确定镜面排列方式，并尽量做到每块尺寸相同。

（2）嵌压式固定　嵌压式一般采用木压条、铝合金压条、不锈钢压条固定。用木压条固定时，最好用20～35mm的射钉枪来固定，避免用普通圆钉，以防止在钉压条时震破玻璃镜。铝合金压条和不锈钢压条可用木螺钉固定在其凹部。

（3）玻璃钉固定

① 安装前应按木骨架的间距尺寸在玻璃上打孔，孔径小于玻璃钉端头直径3mm。每块玻璃板需钻出4个孔，孔位均匀布置，并不应太靠镜面的边缘，以防开裂。

② 玻璃块逐块就位后，先用直径2mm的钻头，通过玻璃镜上的孔位，在吊顶骨架上钻孔，然后再呈对角线拧入玻璃钉，以玻璃不晃动为准，最后在玻璃钉上拧入装饰帽。

（4）粘贴与玻璃钉双固定　在一些重要场所，或玻璃面积大于1m²的顶面、墙面，经常采用黏结与玻璃钉双固定的方法，以保证玻璃镜在偶然开裂时，不至于下落伤人。

① 将镜的背面清扫干净，除去尘土和沙粒，在镜的背面涂刷一层白乳胶，用一层薄的牛皮纸粘贴在镜的背面，并刮平整。

② 分别在镜背面的牛皮纸上和顶面木基层面涂刷万能胶。当胶面不粘手时，把玻璃镜按弹线位置粘贴到顶面木基层上。使其与顶面粘合紧密，并注意边角处的粘贴情况。然后用玻璃钉将镜面四个角固定。应当注意的是，在粘贴玻璃镜时，不能直接将万能胶涂在镜面背后，以防对镜面涂层的腐蚀损伤。

7.4.5.2　墙面镶贴镜面玻璃的要点

（1）基层处理　镶贴的基层先埋入木砖，然后钉立筋，铺钉衬板。木砖横向与镜面宽度相等，竖向与镜面高度相等，大面积安装还应在横竖向每隔500mm埋木砖。基层表面要进行抹灰，在抹灰上刷热沥青或贴油毡，也可以将油毡铺在木衬板和玻璃之间，其目的是防止潮气使木衬板变形和使水银脱落。钢筋采用40mm×40mm或50mm×50mm小木方，钉于木砖上。安装小块镜面多为双向立筋，安装大片面镜可以单向立筋，横竖墙筋的位置与木砖一致。要求立筋横平竖直，以便于衬板和玻璃的固定。衬板采用15mm厚木板或5mm厚胶合板。

（2）镜面玻璃的固定方法

① 螺钉固定。即用直径3～5mm平头或圆头螺钉，透过玻璃上的砖孔钉在墙筋上，对玻璃起固定作用。一般从下到上、由左至右进行安装。全部镜面固定后，用长靠尺靠平，以全部调平为准。然后将镜面之间的缝隙用玻璃胶嵌缝，要求密实、饱满、均匀、不污染镜面。

② 嵌钉固定。即用嵌钉钉于墙筋上，将镜面玻璃的四个角压紧。先在平整的木衬板上先铺一层油毡，油毡两端用木条临时固定，以保证油毡的平整，然后按镜面玻璃分块尺寸，在油毡表面弹线。安装是从下向上进行，安装第一排时，嵌钉应临时固定，装好第二排后再拧紧。

③ 粘贴固定。即是将镜面玻璃用环氧树脂、玻璃胶粘贴于木衬板上。检查木衬板的平整度和固定牢靠程度后，清除木衬木表面污物和浮灰，并在木衬板上按镜面玻璃分块尺寸弹线。然后刷胶粘贴玻璃。环氧树脂应涂刷均匀，不宜过厚，每次刷胶面积不宜够大，随刷随粘贴，并及时将从镜面缝中挤出的胶浆擦净。用打胶筒打玻璃胶，胶点应均匀。粘贴应按弹线分格自下而上进行，应待底下的镜面黏结达一定强度后，再进行上一层黏结。

以上三种方法固定的镜面，还可以周边加框，起封闭端头和装饰作用。

④ 托压固定。即是靠压条和边框将镜面托压在墙上。压条和边框可采用木材和金属型材。从下向上，先用竖向压条固定最下面镜面，安放上一层镜面后再固定横向压条。木压条一般宽30mm，表面可做出装饰线，每200mm内钉一颗钉子，钉头应没入压条中0.5～1mm，用腻子找平后刷漆。因为钉子要从镜面玻璃缝中钉入，因此，两镜面之间要考虑留10mm左右缝宽。大面积单块镜面多以压托做法为主，也可结合粘贴的方法固定。镜面的重量主要落在下部边框或砌体上，其他边框起防止镜面外倾和装饰作用。

7.4.6 玻璃栏板的安装

玻璃栏板，又称"玻璃栏河"或"玻璃扶手"。它是采用大块的透明安全玻璃做楼梯栏板，上面加设不锈钢、铜或木扶手，用于高级宾馆的主楼梯等部位。玻璃栏板主要由扶手、钢化玻璃板、栏板底座三部分构成。

（1）材料

① 玻璃。常用的是钢化玻璃和夹层钢化玻璃。单块尺寸多用1.5mm或2mm左右，厚12mm。

② 扶手。常使用的扶手有不锈钢圆管、黄铜圆管和高级木材（柚木或水曲柳）。

（2）厚玻璃的安装　楼梯扶手中的厚玻璃安装主要有半玻式和全玻式两种，通常采用不锈钢管和全铜管扶手。

① 半玻式安装。半玻式楼梯扶手的厚玻璃有两种安装方法：一种是用卡槽安装于楼梯扶手立柱之间；另一种是在立柱上开出槽位，将厚玻璃直接安装在立柱内，并用玻璃胶固定。采用卡槽安装，卡槽的下端头必须起到托住厚玻璃的作用，并且也应与斜裁玻璃一致，在其端头有两种封闭端，一种封闭端上斜，一种封闭端下斜，安装时配对使用。

② 全玻式安装。全玻式楼梯扶手的厚玻璃，其下部固定在楼梯踏步地面内，上部与不锈钢管或全铜管连接。厚玻璃与不锈钢管或全铜管的连接方式有以下三种：

a.在管子的下部开槽，厚玻璃插入槽内。

b.在管子的下部安装卡槽，厚玻璃卡装在槽内。

c.用玻璃胶直接将厚玻璃黏结于管子下部。厚玻璃的下部与楼梯的结合方式也有两种：一种是用角钢（高度不宜小于100mm）将厚玻璃先夹住定位，角钢间距除玻璃厚度外，每侧留3～5mm缝隙，然后再用玻璃胶将厚玻璃固定；另一种是用花岗岩或大理石饰面板，在安装厚玻璃的位置处留槽，留槽宽度大于玻璃厚度5～8mm，将厚玻璃安放在槽内后，再注入玻璃胶。

7.5 玻璃幕墙

玻璃幕墙是由玻璃板作墙面材料，与金属构件组成的悬挂在建筑物主体结构外面的非承重连续外围护墙体。由于它像帷幕一样，故称为"玻璃幕墙"，简称"幕墙"。

（1）全隐框玻璃幕墙　全隐框玻璃幕墙的构造是在铝合金构件组成的框格上固定玻璃框，玻璃框的上框挂在铝合金整个框格体系的横梁上，其余三边分别用不同方法固定在竖杆及横梁上。玻璃用结构胶预先粘贴在玻璃框上。玻璃框之间用结构密封胶密封。玻璃为各种颜色镀膜镜面反射玻璃，玻璃框及铝合金框格体系均隐在玻璃后面，从外侧看不到铝合金框，形成一个大面积的有颜色的镜面反射屏幕幕墙。这种幕墙的全部荷载均由玻璃通过胶传给铝合金框架。

（2）半隐框玻璃幕墙

① 竖隐横不隐玻璃幕墙　这种玻璃幕墙只有竖杆隐在玻璃后面，玻璃安放在横杆的玻璃镶嵌内，镶嵌槽外加盖铝合金压板，盖在玻璃外面。这种体系一般在车间将玻璃粘贴在两竖边有安装沟槽的铝合金玻璃框上，将玻璃框竖边再固定在铝合金框格体系的竖杆上；玻璃上、下两横边则固定在铝合金框格体系横梁的镶嵌槽中。由于玻璃与玻璃框的胶缝在车间内加工完成，材料粘贴表面洁净有保证，况且玻璃框是在结构胶完全固化后才运往施工现场安装，所以胶缝强度得以保证。

② 横隐竖不隐玻璃幕墙　这种玻璃幕墙横向采用结构胶粘贴式结构性玻璃装配方法，在专门车间内制作，结构胶固化后运往施工现场；竖向用铝合金压板固定在竖杆的玻璃镶嵌槽内，形成从上到下整片玻璃由竖杆压板分隔成长条形画面。

（3）明框玻璃幕墙

① 型钢骨架。型钢作玻璃幕墙的骨架，玻璃镶嵌在铝合金的框内，然后再将铝合金框与骨架固定。型钢组合的框架，其网格尺寸可适当加大，但对主要受弯构件，截面不能太小，厚度最大处宜控制在5mm以内，否则将影响铝框的玻璃安装，也影响幕墙的外观。

② 铝合金型材骨架。用特殊断面的铝合金型材作为玻璃幕墙的骨架，玻璃镶嵌在骨架的凹槽内。玻璃幕墙的竖杆与主体结构之间，用连接板固定。安装玻璃时，先在竖杆的内侧上安装铝合金压条，然后将玻璃放入凹槽内，再用密封材料密封。支撑玻璃的横杆略有倾斜，目的是排除因密封不严而流入凹槽内的雨水。外侧用一条盖板封住。

（4）挂架式玻璃幕墙　采用四爪式不锈钢挂件与立柱焊接，每块玻璃四角在厂家加工钻4个直径20mm孔，挂件的每个爪与一块玻璃一个孔相连接，即一个挂件同时与四块玻璃相连接，或一块玻璃固定于四个挂件上。

（5）无骨架玻璃幕墙　前面介绍的四种玻璃幕墙，均属于采用骨架支托着玻璃饰面。无骨架玻璃幕墙与前四种的不同点是：玻璃本身既是饰面材料，又是承受自重及风荷载的结构构件。这种玻璃幕墙又称"结构玻璃"，采用悬挂式，多用于建筑物首层，类似落地窗。由于采用大块玻璃饰面，使幕墙具有更大的透明性。为了增强玻璃结构的刚度，保证在风荷载安全稳定，除玻璃应有足够的厚度外，还应设置与面部玻璃呈垂直的玻璃肋。

08
Chapter

第8章
涂料及其施工方法

　　涂料和油漆在装饰过程中约定俗成都被统称为"涂料"。俗话说："三分木工，七分油工"，从一个侧面反映了涂料在装饰中的重要作用。合理选用涂料、科学地施工、艺术搭配颜色、严格的施工规范和要求，是装饰涂料工程中必须认真对待的问题。

8.1　涂料

　　涂料是指涂敷于物体表面，与基体材料很好地黏结并形成完整而坚韧保护膜的物质。由于在物体表面结成干膜，故又称涂膜或涂层。用于建筑物的装饰和保护的涂料称为建筑涂料。建筑涂料与其他饰面材料相比具有重量轻、色彩鲜明、附着力强、施工简便、省工省料、维修方便、质感丰富、价廉质好以及耐水、耐污染、耐老化等特点。建筑涂料是当今产量最大、应用最广的建筑材料之一。建筑涂料品种繁多，据统计，我国的涂料已有100余种。一般按使用部位分为外墙涂料、内墙涂料和地面涂料等；

　　建筑涂料具有以下功能：

　　① 保护作用。建筑涂料通过刷涂、滚涂或喷涂等施工方法，涂敷在建筑物的表面上，形成连续的薄膜，厚度适中，有一定的硬度和韧性，并具有耐磨、耐候、耐化学侵蚀以及抗污染等功能，可以提高建筑物的使用寿命。

　　② 装饰作用。建筑涂料所形成的涂层能装饰美化建筑物。若在涂料中掺加粗、细骨料，再采用拉毛、喷涂和滚花等方法进行施工，可以获得各种纹理、图案及质感的涂层，使建筑物产生不同凡响的艺术效果，以达到美化环境，装饰建筑的目的。

　　③ 改善建筑的使用功能。建筑涂料能提高室内的亮度，起到吸声和隔热的作用；一些特殊用途的涂料还能使建筑具有防火、防水、防霉、防静电等功能。在工业建筑、道路设施等构筑物上，涂料还可起到标志作用和色彩调节作用，在美化环境的同时提高了人们的安全意识，改善了心理状况，减少了不必要的损失。

8.2 涂料的组成

涂料可分为成膜物质、溶剂、填料、助剂四类。即涂料=成膜物质（主要成膜物质为树脂类）+溶剂+填料+助剂。

8.2.1 成膜物质

成膜物质是指能牢靠地附在基层表面，形成连续均匀、坚韧的保护物质。目前成膜物质主要的部分以合成树脂为主，如醇酸树脂、硝基树脂、聚氨酯、聚酯、酚醛树脂、丙烯酸树脂、聚乙烯醇树脂、聚醋酸乙烯、苯丙乳液、硅酸钠、氯偏共聚乳液。

8.2.2 溶剂

溶剂又称稀释剂，是涂料中不可缺少的组成。通过溶剂的添加密度发生变化，可以调整涂料黏度、干燥时间、硬度等一系列指标。同时也是施工过程不可缺少的重要原料。溶剂既能起到溶解作用，而且还有一定稀释作用，并可降低黏度，提高渗透力；而且许多溶剂还是重要的固化剂，容易挥发，加快漆膜的干燥速度；通过对溶剂的合理使用，可降低涂料涂刷成本；涂料在施工过程中，时刻离不开溶剂，如进行工具的清洗、现场工作面的清洗。

常用的溶剂有：松香水、酒精、汽油、苯、二甲苯、丙酮、乙醚、乙酸乙酯、丁醇、乙酸丁酯、水等。溶剂有较强的挥发性、易燃性，有些溶剂还有一定的毒性，如苯类溶剂、二氯乙烷。

8.2.3 填料

填料是指为了提高漆膜遮盖能力，增强黏度，改变颜色，改善涂料的性能，降低成本，而向成膜物质和溶剂构成的混合液体内加入的一些粉末状物质。

常用的填料由两部分组成：一是填料；二是颜料。

（1）填料　常用的填料有石粉、轻质碳酸钙、滑石粉、瓷土、石英石粉、云母粉、可赛银粉、立得粉、老粉、石膏、细纱等。

（2）颜料　颜料的品种很多，按其化学性质可分为有机颜料和无机颜料。

8.2.4 辅助成膜物质

溶剂和水是液态建筑涂料的主要成分，涂料涂刷到基层上后，溶剂和水蒸发，涂料逐渐干燥硬化，最终形成均匀、连续的涂膜。它们最后并不留在涂膜中，因此称为辅助成膜物质。溶剂和水与涂膜的形成及其质量、成本等有密切的关系。

建筑涂料使用的助剂品种繁多，常用的有以下几种类型：催干剂、固化剂、催化剂、引发剂、增塑剂、紫外光吸收剂、抗氧剂、防老剂等。某些功能性涂料还需采用具有特殊功能的助剂，如防火涂料用难燃助剂，膨胀型防火涂料用发泡剂等。

8.3 涂料的分类、命名和型号

8.3.1 涂料的分类

涂料品种多，适用范围广，分类方法也不尽相同。一般可按构成涂膜主要成膜物质的化学成分、构成涂膜的主要成膜物质、建筑涂料的主要功能、建筑物的使用部位等进行分类。

按构成涂膜主要成膜物质的化学成分，可将涂料分为有机涂料、无机涂料、无机-有机复合涂料三类。

（1）有机涂料　有机涂料常用的有以下三种类型：

① 溶剂型涂料。溶剂型涂料是以高分子合成树脂为主要成膜物质，有机溶剂为稀释剂，加入适量的颜料、填料（体质颜料）及辅助材料，经研磨而成的涂料。常用品种有过氯乙烯、聚乙烯醇缩丁醛、绿化橡胶、丙烯酸酯等。

② 水溶性涂料。水溶性涂料是以水溶性合成树脂为主要成膜物质，以水为稀释剂，加入适量的颜料及辅助材料经研磨而成的涂料。常用品种有聚乙烯醇水玻璃内墙涂料、聚乙烯醇甲醛类涂料等。

③ 乳胶涂料。乳胶涂料又称乳胶漆。它是由合成树脂借乳化剂的作用，以 $0.1 \sim 0.5\mu m$ 的极细微粒子分散于水中构成乳液，并以乳液为主要成膜物质，加入适当的颜料、填料及辅助材料经研磨而成的涂料。常用品种有聚醋酸乙烯乳液、乙烯-醋酸乙烯、醋酸乙烯-醋酸丙烯、苯乙烯-醋酸丙烯等共聚乳液。

（2）无机涂料　无机涂料是历史上最早使用的涂料，如石灰水大白粉、可赛银等。但它们的耐水性差、涂膜质地疏松、易起粉，早已被以合成树脂为基料配置的各种涂料所取代。目前所使用的无机涂料是以水玻璃、硅溶胶、水泥等为基料，加入颜料、填料、助剂等经研磨、分散而成的涂料。无机涂料价格低，资源丰富，无毒、不燃，具有良好的遮盖力，对基层材料的处理要求不高，可在较低条件下施工，涂膜具有良好的耐热性、保色性、耐久性等。无机涂料可用于建筑内外墙，是一种有发展前途的建筑涂料。

（3）无机-有机复合涂料　不论是有机涂料还是无机涂料，在单独使用时，都存在一定的局限性。为克服这个缺点，发挥各自的长处，出现了无机-有机复合涂料，如聚乙烯醇水玻璃内墙涂料就比聚乙烯醇有机涂料的耐水性好。此外，以硅溶胶、丙烯酸系列复合涂料在涂膜的柔韧性及耐候性方面更能适应气候的变化。

按构成涂料的主要成膜物质，可将涂料分为聚乙烯醇系列建筑涂料、丙烯酸系列建筑涂料、氯化橡胶外墙涂料、聚氨酯建筑涂料和水玻璃及硅溶胶建筑涂料、醇酸系列涂料、硝基系列涂料。

按建筑物使用部位，可将涂料分为外墙建筑涂料、内墙建筑涂料、地面建筑涂料、顶棚建筑涂料和屋面防水涂料等。

按使用功能分类，可将涂料分为装饰性涂料、防火性涂料、保温涂料、防腐涂料、防水涂料、抗静电涂料、防结露涂料、闪光涂料、幻彩涂料等。涂料的分类和类别代号见表8-1，我国的涂料共分为17大类，每一类用一个汉语拼音字母为代号表示。

表8-1 涂料的分类和类别代号

序号	代号	类别名称	序号	代号	类别名称
1	Y	油脂类	10	X	烯烃树脂类
2	T	天然树脂类	11	B	丙烯酸类
3	F	酚醛类	12	Z	聚酯树脂类
4	L	沥青类	13	H	环氧树脂类
5	C	醇酸树脂类	14	S	聚氨酯类
6	A	氨基树脂类	15	W	元素有机聚合物类
7	Q	硝基类	16	J	橡胶类
8	M	纤维素类	17	E	其他类
9	G	过氯乙烯类			

涂料的基本名称与代号见表8-2。

表8-2 涂料的基本名称与代号

代号	基本名称	代号	基本名称	代号	基本名称	代号	基本名称
00	清油	24	家电漆	46	油舱漆	78	外墙涂料
01	清漆	26	自行车漆	47	车间（预漆）底漆	79	屋面防火涂料
02	厚漆	27	玩具漆	50	耐酸漆	80	地板漆、地坪漆
03	调和漆	28	塑料漆	51	耐碱漆	81	渔网漆
04	磁漆	30	（浸渍）绝缘漆	52	防腐漆	82	锅炉漆
05	粉末涂料	31	（覆盖）绝缘漆	53	防锈漆	83	烟筒漆
06	底漆	32	抗弧（磁）漆、互感器漆	54	耐油漆	84	黑板漆
07	腻子			55	耐水漆	85	调色漆
09	大漆	33	（粘合）绝缘漆	60	防火漆	86	标志漆、路标漆、马路划线漆
11	电泳漆	34	漆包线漆	61	耐热漆		
12	乳胶漆	35	硅钢片漆	62	示温漆	87	汽车漆（车身）
13	水溶性漆	36	电容器漆	63	涂布漆	88	汽车漆（底盘）
14	透明漆	37	电阻漆、电位器漆	64	可剥漆	89	其他汽车漆
15	斑纹漆、裂纹漆、橘纹漆	38	半导体漆	65	卷材涂料	90	汽车修补漆
		39	电缆漆、其他电工漆	66	光固化涂料	93	集装箱漆
16	锤纹漆	40	防污漆	67	隔热涂料	94	铁路车辆用漆
17	皱纹漆	41	水线漆	70	机床漆	95	桥梁漆、输电塔漆及（大型露天）其他钢结构用漆
18	金属（效应）漆、闪光漆	42	甲板漆、夹板防滑漆	71	工程机械漆		
				72	农机用漆		
20	铅笔漆	43	船壳漆	73	发电、输配电设备用漆	96	航空、航天用漆
22	木器漆	44	船底漆			98	胶漆
23	罐头漆	45	引水舱漆	77	内墙涂料	99	其他

8.3.2 涂料的型号

涂料的型号由三部分组成：第一部分是涂料的类别，用汉语拼音字母表示；第二部分是基本名称，用两位数字表示；第三部分是产品序号（一位或两位数字，用来区别同类、同名称涂料的不同品种），涂料基本名称和序号间加"-"。例如，Q01-17硝基清漆、H07-5灰环氧腻子等。

8.4 油漆

8.4.1 油漆的基本种类

（1）丙烯酸乳胶漆 丙烯酸乳胶漆一般由丙烯酸类乳液、颜料、填料、水、助剂组成。具有成本适中、耐候性优良、性能可调整性好、无有机溶剂释放等优点，是近年来发展十分迅速的一类涂料产品。主要用于建筑物的内外墙涂装、皮革涂装等。近年来又出现了木器用乳胶漆、自交联型乳胶漆等新品种。丙烯酸乳胶漆根据乳液的不同可分为纯丙、苯丙、硅丙、醋丙等品种。

（2）溶剂型丙烯酸漆 溶剂型丙烯酸漆具有极好的耐候性，很高的力学性能，是目前发展很快的一类涂料。溶剂型丙烯酸漆可分为自干型丙烯酸漆（热塑型）和交联固化型丙烯酸漆（热固型），前者属于非转化型涂料，后者属于转化型涂料。自干型丙烯酸涂料主要用于建筑涂料、塑料涂料、电子涂料、道路划线涂料等，具有表面干燥迅速、易于施工、保护和装饰作用明显的优点。缺点是固体含量不容易太高，硬度、弹性不容易兼顾，一次施工不能得到很厚的涂膜，涂膜丰满性不够理想。交联固化型丙烯酸涂料主要有丙烯酸氨基漆、丙烯酸聚氨酯漆、丙烯酸醇酸漆、辐射固化丙烯酸涂料等品种。广泛用于汽车涂料、电器涂料、木器涂料、建筑涂料等方面。交联固化型丙烯酸涂料一般都具有很高的固体含量，一次涂装可以得到很厚的涂膜，而且力学性能优良，可以制成高耐候性、高丰满度、高弹性、高硬度的涂料。缺点是双组分涂料，施工比较麻烦，许多品种还需要加热固化或辐射固化，对环境条件要求比较高，一般都需要较好的设备，较熟练的涂装技巧。

（3）聚氨酯漆 聚氨酯漆是目前较常见的一类涂料，可以分为双组分聚氨酯涂料和单组分聚氨酯涂料。双组分聚氨酯涂料一般是由异氰酸酯预聚物（也叫低分子氨基甲酸酯聚合物）和含羟基树脂两部分组成，通常称为固化剂组分和主剂组分。这一类涂料的品种很多，应用范围也很广，根据含羟基组分的不同可分为丙烯酸聚氨酯、醇酸聚氨酯、聚酯聚氨酯、聚醚聚氨酯、环氧聚氨酯等品种，一般都具有良好的力学性能、较高的固体含量，各方面的性能都比较好，是目前很有发展前途的一类涂料品种。主要应用方向有木器涂料、汽车修补涂料、防腐涂料、地坪涂料、电子涂料、特种涂料等。缺点是施工工序复杂，对施工环境要求很高，漆膜容易产生弊病。单组分聚氨酯涂料主要有氨酯油涂料、潮气固化聚氨酯涂料、封闭型聚氨酯涂料等品种。应用面不如双组分涂料广，主要用于地板涂料、防腐涂料、预卷材涂料等，其总体性能不如双组分涂料全面。

（4）硝基漆 硝基漆是目前比较常见的木器及装修用涂料。优点是装饰作用较好，施工简便，干燥迅速，对涂装环境的要求不高，具有较好的硬度和亮度，不易出现漆膜弊病，修补容易。缺点是固体含量较低，需要较多的施工工序才能达到较好的效果；耐久性不太好，尤其是内用硝基漆，其保光保色性不好，使用时间稍长就容易出现诸如失光、开裂、变色等弊病；漆膜保护作用不好，不耐有机溶剂、不耐热、不耐腐蚀。硝基漆的主要成膜物是以硝化棉为主，配合醇酸树脂、改性松香树脂、丙烯酸树脂、氨基树脂等软硬树脂共同组成。一般还需要添加邻苯二甲酸二丁酯、二辛酯、氧化蓖麻油等增塑剂。溶剂主要有酯类、酮类、醇醚类等真溶剂，醇类等助溶剂以及苯类等稀释剂。硝基漆主要用于木器及家具的涂装、家庭装修、一般装饰涂装、金属涂装、一般水泥涂装等方面。

（5）环氧漆　环氧漆是近年来发展极为迅速的一类工业涂料，一般而言，对组成中含有较多环氧基团的涂料统称为环氧漆。环氧漆的主要品种是双组分涂料，由环氧树脂和固化剂组成。其他还有一些单组分自干型的品种，不过其性能与双组分涂料比较有一定的差距。环氧漆的主要优点是对水泥、金属等无机材料的附着力很强；涂料本身非常耐腐蚀；力学性能优良，耐磨，耐冲击；可制成无溶剂或高固体份涂料；耐有机溶剂，耐热，耐水；涂膜无毒。缺点是耐候性不好，日光照射久了有可能出现粉化现象，因而只能用于底漆或内用漆；装饰性较差，光泽不易保持；对施工环境要求较高，低温下涂膜固化缓慢，效果不好，许多品种需要高温固化，涂装设备的投入较大。环氧树脂涂料主要用于地坪涂装、汽车底漆、金属防腐、化学防腐等方面。

（6）氨基漆　氨基漆主要由两部分组成：其一是氨基树脂组分，主要有丁醚化三聚氰胺甲醛树脂、甲醚化三聚氰胺甲醛树脂、丁醚化脲醛树脂等树脂；其二是羟基树脂部分，主要有中短油度醇酸树脂、含羟丙烯酸树脂、环氧树脂等树脂。氨基漆除了用于木器涂料的脲醛树脂漆（俗称酸固化漆）外，主要品种都需要加热固化，一般固化温度都在100℃以上，固化时间都在20min以上。固化后的漆膜性能极佳，漆膜坚硬丰满，光亮艳丽，牢固耐久，具有很好的装饰作用及保护作用。缺点是对涂装设备的要求较高，能耗高，不适合于小型生产。氨基漆主要用于汽车面漆、家具涂装、家用电器涂装、各种金属表面涂装、仪器仪表及工业设备的涂装。

8.4.2　油漆的配套使用

油漆必须多次涂覆方才有效，各涂层之间，特别是底层和面层之间，宜采用同类油漆配套使用，才能不反层，不起泡，达到预定的效果。在油漆配套使用时应遵循以下原则：

（1）底层涂料　通常选用防腐蚀性能好、涂膜坚韧、附着力强的涂料，并要求具有抵抗上层涂料溶剂作用的功能。

（2）面层涂料　要求与底层（或中层）涂料结合好，坚硬耐火，耐候性好，抗腐蚀好，流平性好，光亮丰满。

（3）涂层之间的收缩性、坚硬性和光滑性等　一定要协调一致，切忌相差太大。上下两层涂料的热胀冷缩性质也应基本一致，否则会发生龟裂或早期脱落。底层材料不能采用耐溶剂不良颜色的涂料，因为它与上层的涂料配后，容易产生渗透现象而破坏装饰效果。

8.4.3　油漆的调配

出厂的油漆多为基本色，在使用时，往往不能合意，因而油漆的颜色必须进行调配，才能满足用户的要求。出厂油漆多为浓漆，不能直接涂刷，因此必须调稀油漆的浓度，才能进行施工。即需要油漆颜色的调配、油漆浓稀的调配、油漆品种的调配等。

（1）用于木材基面

① 丙烯酸木器漆的调配。使用时，按规定以组分一（丙烯酸聚酯和促进剂环烷酸钴、环烷酸锌的甲苯溶液）1份和组分二（丙烯酸改性醇树脂和催化剂过氧化苯架线的二甲苯溶液)1.5份调和均匀，以二甲苯调整其黏度，用多少配多少，随用随配。其有效时间：20～27℃时为4～5h，28～35℃时为3h，时间过长就会出现胶化。

② 润粉调配。润粉分油性粉和水性粉两类，用于高级工程及家具的油漆工序，可以使木材的棕眼平整、木纹清晰。

a.水性粉配比。大白粉：水：水胶=45：40：5，然后按样板加色5%～10%，先将颜色单独调和并过滤，再加入拌成糊状（用水胶均匀）的大白粉内，到调制所需要的色调为止。

b.油性粉配比。大白粉：汽油：光油：清油=45：30：10：15，然后按照样板加色5%～10%，注意油性不能过大，否则达不到润粉的作用，配置方法与水性粉基本相同。

③ 水色调配。水色因调配时使用的颜料能溶于水而得名，它是专用于显露木纹的清水漆物面上色的一种涂料。

（2）用于金属基面

① 防锈漆的调配。防锈漆除市面上出售的外，也可以自行配置，其调配比为：红丹粉：清漆：松香水：鱼油=50：20：15：15。配制时，注意不能掺合光油，否则红丹粉在24h会变质。

② 金、银粉漆的调配。将银粉膏或银粉面加入清漆后，即成银粉漆。用于喷涂时的配比为：银粉膏或银粉面：汽油：清漆=1：5：3；用于涂刷时的配比为：银粉膏或银粉面：汽油：清漆=1：4：3。金粉漆用金粉（黄铜粉末）与清漆调配而成，配制比例、方法与银漆相同。

（3）用于抹灰基面　无光调和漆，它能使室内的光线柔和，常用于医院、戏院、办公室、卧室的涂刷。无光漆的配合比为：钛白粉：光油：鱼油=40：15：5。此外还需加10%～15%的煤，30%～35%的松香水，以避免在施工温度达30～35℃时，因干燥太快而造成色泽不一致。

8.4.4　油漆施工操作方法

8.4.4.1　清理基面

（1）木材基面的清理

① 新木材基面的清理　用锉刀和毛刷清除木材表面黏附的砂浆、灰尘，用碱水洗净木材表面的油污和余胶，并用清水再次洗刷，待木材干燥后用砂纸顺木纹进行打磨。对于会渗出树脂的木材，可用丙酮、甲苯等擦洗，并涂一层清漆。

② 旧家具漆皮的清理　对于旧家具的漆皮，可以采取以下几种方法进行处理：

a.碱水清理法。用少量的火碱、石灰配成火碱水，用排笔将火碱水在旧漆膜上涂刷3～4次，然后用铲刀或其他工具将旧漆皮除去，再用清水洗净。

b.火喷法。用喷灯火焰去烧旧漆皮，并立即用铲刀刮去已烧焦的漆膜。

c.摩擦法。用浮石或粗号磨石蘸水打磨旧家具的漆皮，直至全部磨去为止。

d.刀刮法。用切刃刀、铲用力刮铲，直至旧家具的漆皮完全除掉。

e.脱漆剂法。将脱漆剂涂于家具上，旧漆皮上出现膨胀并漆皮时，即将漆皮刮去。脱漆剂易燃并有刺激味，因此使用时应注意通风防火且不能与其他溶剂混合使用。

（2）金属基面的清理　对于金属基面，可采用以下几种方法进行清理：

① 手工清理。采用纱布、砂轮、钢丝刷等工具，用手工除去金属表面的锈皮和氧化皮，并用汽油和松香水清洗干净。

② 化学处理。将要清洗的物件浸在各种配方的酸性溶液中约10～12min，待锈渍除净后取出用清水冲洗干净，并晾干待用。此外，还可在金属表面涂刷除锈剂除锈。

对于铝、镁合金制品，可用皂液清除后用清水冲洗，再涂刷1～2遍磷酸溶液，最后用水冲洗干净。磷酸溶液的调配比为：磷酸：杂醇油：清水=10：70：20。

（3）抹灰基面的清理　抹灰基面应除去酥松、裂缝，然后刮腻子填平。此外，必须注意基面的水平面而采取不同的处理方法。常见的黏附物及清除方法见表8-3。

表8-3　常见的黏附物及清除方法

黏附物	清理方法
灰尘及其他粉尘状黏附物	用扫帚、毛刷清理或洗尘器进行清理
砂浆喷溅物、水泥砂浆流痕、杂物	用铲子除去，或用砂轮打磨，也可用刮刀、钢丝刷进行清理
油脂、脱脂剂密封材料等	先用5%～20%浓度的火碱清洗，然后用清水洗净表面
表面泛白霜	先用3%的草酸液清洗，再用清水洗净
酥松、起皮、起沙等硬化不良或分离起壳部分	用铲刀清除脱离部分，用钢丝刷清除浮灰，再用清水洗净
霉斑	先用化学去霉剂清洗，然后再用清水洗净
油漆、彩画及字迹	先用10%的碱洗净，或用钢丝刷蘸汽油或去油剂刷洗干净，也可用脱漆剂或刮刀刮去，然后用清水洗净

8.4.4.2　嵌批腻子

嵌批腻子时要将整个涂饰面的大小缺陷都填到、填严，对于边角不明显，更要格外仔细。嵌批腻子需等底漆或胶水干透后，才可以进行，应做到所嵌批的腻子薄、光滑、平整，并以高处为准。分层嵌批时，需上一道腻子充分干燥，并经打磨后，再进行下一道腻子的嵌批。

8.4.4.3　打磨

打磨是基层处理和涂饰工艺中不可缺少的操作环节，应根据不同的涂料施工方法，选用不同的打磨工具进行打磨。打磨底层时，要做到表面平整清洁，使涂刷起来容易。底层和上层腻子，应分别使用较粗和较细的打磨材料，打磨完毕后，应除去表面的粉尘。

8.4.4.4　着色

（1）底层着色　底层着色又称润色油粉。用水老粉和油老粉满涂于木材表面，采用圆擦或横擦的方式反复有力地擦几次，使其充分填满木材的空隙内，然后揩去浮粉。

（2）涂层着色　待底层着色干后，将清漆刷涂于干净的表面上，然后用0号砂纸打磨光滑。刷第二遍清漆后，在清漆中加入适量的颜料配成酒色，对木材面不一致处进行拼色，直到满意为止。

8.4.4.5　磨退

磨退分磁漆磨退和清漆磨退两种，分别叙述如下。

（1）磁漆磨退　醇酸磁漆磨退涂刷4遍。头遍涂漆中可加入醇酸稀料。涂刷时应注意不流坠、不漏刷且横平竖直。第一遍涂层干燥后用砂纸磨平磨光，如有不平处或孔眼，应补刮腻子。

第二遍磁漆中不需要加稀料，漆层干燥后用砂纸打磨，局部复补腻子并打磨至平、光。若需镶嵌玻璃，此遍漆刷完全嵌装。

第三遍磁漆干燥后，用320号水砂纸打磨至光和亮，但不得磨破棱角。

第四遍磁漆干燥后，用300～500号的水砂纸顺木纹打磨至磁漆表面发热，磨好后用湿布擦净。

这时可涂上砂蜡，顺木纹方向反复擦，直至出现暗光为止，最后再涂以光蜡。

（2）清漆磨退　用醇酸清漆涂刷四遍并打磨。第一、二遍醇酸清漆干燥后，均需用1号砂纸打磨平整，并复补腻子后再行打磨。第三、四遍醇酸清漆干燥后，用300～500号的水砂纸打磨至平、光。

最后涂刷两遍丙烯酸清漆，干燥后分别用280号和280～320号水砂纸打磨。从有光至无光，直至断斑，但不得磨破棱角。打磨完后用湿布擦净表面。

8.5　内墙涂料

内墙涂料也可用作顶棚涂料，它的主要功能是装饰材料及保护内墙墙面及顶棚，建立一个美观舒适的生活环境，内墙涂料应具有以下功能。

① 色彩丰富、细腻、协调。内墙涂料的色彩一般应浅淡、明亮。由于居住者对色调的喜爱不同，因此要求色彩品种丰富。内墙与人的目视距离也最近，因而要求内墙涂料应质地平滑、细腻、色彩柔和。

② 耐碱、耐水性好、不宜粉化。由于墙面多带有碱性，要求涂料有一定的耐碱性，否则会因碱性腐蚀而泛黄。同时为保护内墙洁净，有时需要洗刷，为此必须有一定的耐水性、耐洗刷性。而内墙涂料的脱粉，则会给居住者带来不便。

③ 良好的透气性、吸湿排湿性。室内湿度大，若墙面透气性不好，将给人的感觉十分不适，同时由于透气性差还会在墙面结露。

④ 涂刷方便、重涂性好。为保持居室的优雅，内墙可能多次粉刷返修，因此，要求施工方便、重涂性好。

⑤ 无毒、无污染。为了保证施工人员和居住者的身体健康，通常内墙涂料不应挥发有毒气体及对人体刺激过大的气体，因此应采用水溶性好的水乳型涂料。

内墙涂料的分类见表8-4。

表8-4 内墙涂料的分类

内墙涂料	刷浆材料	石灰浆
		大白浆
		可赛银
	油漆	
	溶剂型涂料	
	合成树脂乳液（乳胶漆）	醛酸乙烯乳液
		乙丙乳液
		苯丙乳液
	水溶性涂料	改性聚乙烯醇系内墙涂料
		聚乙烯醇水玻璃内墙涂料
		聚乙烯醇缩甲醛内墙涂料
	多彩花纹内墙涂料	

8.5.1 合成树脂乳液内墙涂料

合成树脂乳液内墙涂料（又称乳胶漆）是一种合成树脂乳液为基料（成膜材料）的薄型内墙涂料。一般用于室内墙面装饰，但不宜用于厨房、卫生间、浴室等潮湿墙面。目前，常用的品种有苯丙乳胶漆、乙丙乳胶漆、聚醋酸乙烯乳胶内墙涂料、氯-偏共聚乳胶内墙涂料等。

（1）苯丙乳胶漆　苯丙乳胶漆是由苯乙烯、甲基丙烯酸等三元聚乳液为主要成膜物质，掺入适当的填料、少量的颜料和助剂，经研磨、分散后配置而成的一种各色无光的内墙涂料。用于内墙装饰，其耐碱、耐水、耐久性及耐擦性都优越于其他内墙涂料，是一种高档内墙装饰涂料，同时也是外墙涂料中较好的一种。

（2）乙丙乳胶漆　乙丙乳胶漆是以聚醋酸乙烯与丙烯酸酯共聚乳液为主要成膜物质，掺入适量的填料、少量的颜料和助剂，经研磨、分散后配制而成的半光或有光的内墙涂料。用于建筑内墙装饰，其耐碱性、耐水性及耐久性都优于聚醋酸乙烯胶漆，并具有光泽，是一种中高档内墙涂料。

（3）聚醋酸乙烯乳胶漆　聚醋酸乙烯乳胶漆是以聚醋酸乙烯乳液为主要成膜物质，加入适量填料、少量颜料和助剂经加工而成的水乳型涂料。它具有无味、无毒、不燃、易于施工、干燥快、透气性好、附着力强、耐水性好、颜色鲜艳、装饰效果明快等特点，适用于装饰要求较高的内墙。这种乳胶型涂料在生产工艺上与聚乙烯醇水玻璃内墙涂料相比，除乳液聚合较为复杂外，其混合、搅拌、研磨、过滤工艺过程基本相同，只是生产与配料更讲究，乳液的固体含量较高，约为50%，用量为涂料质量的30%～60%，并以聚乙烯醇缩甲基纤维素等为增稠剂，以乙二醇、甘油等为防冻剂。另外，由于增稠剂中使用纤维素储存或涂膜在潮湿环境中易发霉，要求加入防腐剂。常用的防腐剂有醋酸苯汞、三丁基锡或五氯酸钠等，用量为涂料质量的0.05%～0.2%，其他还加有防锈剂等。

（4）氯-偏乳液涂料　氯-偏乳液涂料属于水乳液涂料，它是以聚氯乙烯-偏氯乙烯共聚乳液为主要成膜物质，添加少量其他合成树脂水溶液（如聚氯乙烯醇树脂水溶液等）共聚液体为基料，掺入不同品种的颜料、填料及助剂等配制而成。氯-偏乳液涂料具有无味、防潮、耐磨、耐碱、耐一般化学物品侵蚀、涂层寿命较长等优点，适用于水泥面和砂石面。

8.5.2 溶剂型内墙涂料

溶剂型内墙涂料与溶剂型外墙涂料基本相同。由于其透气性较差、易结露，其施工时有较大量的有机溶剂溢出，因而现已较少用于住宅内墙装饰。但溶剂型内墙涂料涂层光洁度好、易于清洗，耐久性也好，目前主要用于大型厅堂、室内走廊、门厅等部位。可用作内墙装饰的溶剂型涂料主要有过氯乙烯墙面涂料、聚乙烯醇丁醛墙面涂料、氯化橡胶墙面涂料、聚氨酯系列墙面涂料及氨酯-丙烯酸酯系列墙面涂料等。

8.5.3 水溶性内墙涂料

水溶性内墙涂料是以水溶性化合物为基料，加入适量的填料、颜料及助剂，经过研磨、分散后制成的，属低档涂料，可分为1类和2类。各类水溶性内墙涂料的技术质量要求应符合表8-5的规定。

目前，常用的水溶性内墙涂料有聚乙烯醇水玻璃内墙涂料（俗称106内墙涂料）、聚乙烯醇缩甲醛内墙涂料（俗称803内墙涂料）和改性聚乙烯醇系内墙涂料。

表8-5 水溶性内墙涂料的技术质量要求

序号	项目	技术质量要求	
		1类	2类
1	容器中状态	无结块、沉淀和絮凝	
2	细度/目	小于等于100	
3	遮盖力/(g/m²)	小于等于300	
4	白度/%	大于等于80	
5	涂膜外观	平整色泽均匀	
6	附着力/%	100	
7	耐水性	无脱落、起泡和皱皮	

8.5.4 多彩内墙涂料

多彩内墙涂料常称多彩涂料，是一种国内外较流行的高档内墙涂料，它是经一次喷涂即可获得具有多种色彩的立体涂膜的涂料。多彩内墙涂料按其介质可分为水包油型、油包水型、油包油型和水包水型四种。其中以水包油型的储存稳定性最好，在国内外应用最为广泛，其分散相为各种基料、颜料及助剂等的混合物，分散介质为含有乳化剂的、稳定剂等的水。不同基料间、基料与水间相互掺混而不互溶，外观呈不同颜色的基料微粒。

多彩内墙涂料的主要技术性能见表8-6。

表8-6 多彩内墙涂料的主要技术性能

项目		技术指标
涂料性能	在容器中的状态	经搅拌后均匀，无硬块
	储存稳定性（0～30℃）	6个月
	不挥发物含量/%	大于等于19
	施工性	喷漆无困难
涂层功能	实干燥时间/h	小于等于24
	外观	与标准样本基本相同
	耐水性	不起泡、不掉粉、允许轻微失光和变色
	耐碱性（48h）	不起泡、不掉粉、允许轻微失光和变色
	耐洗刷性/次	大于等于300

多彩内墙涂料的涂层由底层涂料、中层涂料、面层涂料复合而成。底层涂料主要起封闭潮湿的作用，防止涂料由于墙面受潮而剥落，同时也保护涂料免受碱性物质的侵蚀，一般采用具有较强耐碱性的溶剂型封闭漆。中层起到增加面层和底层的黏结作用，并起到消除墙面的色差、突出多彩面层的光泽和立体感的作用，通常应选性能良好的合成树脂乳液内墙涂料。面层即为多彩涂料。

多彩内墙涂料的色彩鲜艳、雅致、立体感强、装饰效果好，具有良好的耐水性、耐油性、耐碱性、耐化学物品、耐洗刷性、耐污等特点，适用于建筑物内墙顶棚水泥、混凝土、砂浆、石膏板、木材、钢、铝等多种表面的装饰。

8.5.5 幻彩内墙涂料

幻彩内墙涂料，又称梦幻涂料、云彩涂料、多彩立体涂料，是目前较为流行的一种装饰性内墙高档涂料。通过创造性、艺术性的施工，可使幻彩内墙涂料的图案似行云流水、朝霞满天，具有梦幻般、写意般的效果故而得名。

幻彩涂料是用特种树脂乳液和专门的有机、无机颜料复合而成；或用特殊树脂与专门制得的多彩金属化树脂复合而成；或用特殊树脂与专门制得多彩纤维复合而成等。其中使用较多、应用较为广泛的是第一种，该涂料又分为使用珠光颜料和不使用珠光颜料两种。特殊的珠光颜料赋予涂膜以梦幻般的感觉，使涂膜呈现珍珠、贝壳、飞鸟、游鱼等所具有的优美珍珠光泽。

幻彩涂料的成膜物质是经特殊聚合工艺加工而成的合成树脂乳液，具有良好的触变性及适当的光泽，涂膜具有优异的抗回弹性。一般建筑涂料用树脂乳液满足不了上述要求。常用的是苯丙乳液。丙烯乳液虽也可配制出幻彩涂料，但其涂膜抗回弹性差，在高温季节和高温场所涂料发黏且易粘物，影响装饰效果。幻彩涂料具有无毒、无味、无接缝、不起皮等优点，并具有良好的耐水性、耐碱性和耐洗刷性，主要用于办公、住宅、宾馆、商店、会议室等的内墙顶棚等的装饰。

幻彩涂料适用于混凝土、砂浆、石膏、木材玻璃、金属等多种基层材料，要求基层材料清洁、干燥、平整、坚硬。幻彩涂料施工首先是封闭涂料，其主要作用是保护涂料免受墙体碱性物质的侵蚀。中层材料的作用在于：一是增加基层材料与面层的黏结，二是可作为底色。中层涂料可采用水性合成乳胶涂料、半光或有光乳胶涂料。中层涂料干燥后，再进行面层涂料的施工。面层涂料可单一使用，也可套色配合使用。施工方式有喷、涂、刮等。

8.5.6 其他内墙涂料

（1）静电植绒涂料 静电植绒涂料是利用高压静电感应原理，将纤维绒毛植入涂胶表面而成的高档内墙涂料，它主要由纤维绒毛和专用胶黏剂组成。纤维绒毛可采用胶黏剂、尼龙、涤纶、丙纶等纤维，经过精度很高的专用绒毛割机切成长短不同规格的短绒，再经染色和化学精加工，赋予绒毛柔软、抗静电等性能。静电植绒涂料手感柔软、光泽柔和、色彩丰富，有一定的立体感，有良好的吸声性、抗老化性、阻燃性、无气味、不褪色，但不耐潮湿、不耐脏、不能擦洗。主要用于住宅、宾馆、办公室等的高档内墙装饰。

（2）仿磁涂料 仿磁涂料又称瓷釉涂料，是一种质感与装饰效果酷似陶瓷釉面层饰面的装饰涂料，仿磁涂料分为溶剂型和乳液型两种。

① 溶剂型防磁涂料是以常温下产生胶黏固化的树脂为基料，目前主要使用的是聚氨酯树脂、丙烯酸-聚氨酯树脂、环氧-丙烯树脂、有机硅改性丙烯酸树脂等，并加入颜料、填料、助剂等配置而成的具有瓷釉光亮的涂料。此种涂料具有优异的耐水性、耐碱性、耐磨性、耐老化性。

② 乳液型防磁涂料是以合成树脂乳液（主要是用丙烯酸树脂乳液）为基料，加入颜料、填料、助剂等配置而成的具有瓷釉光亮的涂料，乳液型仿瓷涂料的价格低廉，且无毒、不燃、硬度高，耐老化性、耐酸性、耐水性、耐沾性及基层材料的附着力等均较高，并能较长时间保持原有的光泽和色泽。

仿瓷涂料的应用较为广泛，可用于公共建筑内墙、住宅内墙、厨房、卫生间等处，还可以用于电器、机械及家具的表面防腐与装饰。

（3）天然真石漆 天然真石漆是以天然石材为原料，经过特殊加工而成的高级水溶性涂料，以防潮底漆和防水保护膜为配套产品，在室内外装饰、工艺美术、城市雕塑上有广泛的使用前景。天然真石漆具有阻燃、防水、环保等特点。使用该种涂料后的饰面仿天然岩石效果逼真，且施工简单、价格适中。基层可以是混凝土、砂浆、石膏板、木材、玻璃、胶合板等。

（4）彩砂涂料 彩砂涂料是由合成树脂乳液、彩色石英砂、赭黄颜色和各种助剂组成的。该种涂料无毒、不燃、附着力强、保色性及耐候性好，耐水性、耐酸性、耐腐蚀性也较好。彩砂涂料的立体感较强，色彩丰富，适用于各种场所的室内外墙面装饰。如在石英砂中掺入带金属光泽的某种涂料，还能使涂膜具有强烈的质感和金属光亮感。

8.6 外墙涂料

外墙涂料的主要功能是装饰和保护建筑物的外墙，使建筑物外观整洁美观，达到美化环境的作用，延长漆使用时间。为了获得良好的装饰与保护效果，外墙涂料一般应具有以下特点：

① 装饰性好。要求外墙涂料色彩丰富多样，保色性好，能较长时间保持良好的装饰性能。

② 耐水性良好。外墙暴露在大气中，经常受到雨水的冲刷，因此要求外墙涂料应具有良好的耐水性。

③ 防污性能良好。大气中的灰尘及其他物质沾污层厚，涂层会失去其装饰效能，因此要求外墙涂料装饰涂层不易被沾污，弄脏后容易被清洗。

④ 良好的耐候性。由于涂层暴露在大气中，要经受日晒雨淋、风沙冷热变化等恶劣环境的作用，易发生涂层开裂、剥落、脱粉、变色等老化现象，使涂层失去装饰和保护功能，因此外墙涂料应具有良好的抗老化性能，使其在规定的年限内不发生上述破坏现象。

⑤ 外墙涂料的主要类型如表8-7所示。

表8-7 外墙涂料的主要类型

建筑外墙涂料	石灰浆涂料		
	聚合物水泥涂料	聚乙烯醇缩甲醛胶水泥涂料	
		氯-偏乳液聚合物水泥涂料	
	乳液型预料	合成树脂乳液	薄质涂料
			厚质涂料
		水乳性涂料	
	溶剂型涂料	过氯乙烯涂料	
		苯乙烯焦油涂料	
		聚乙烯醇缩丁醛涂料	
		氯化橡胶涂料	
		丙烯酸酯涂料	
		氟树脂系涂料	
		聚氨酯系涂料	
	无机硅酸盐涂料	水玻璃系涂料	钠水玻璃涂料
			钾水玻璃涂料
		硅溶胶系涂料	

下面主要介绍溶剂型外墙涂料。

溶剂型外墙涂料是以合成树脂溶液为主要成膜物质，有机溶剂为稀释剂，加入适量的颜料、填料及助剂，经混合、溶解、研磨后配制而成的一种挥发性涂料。涂刷在外墙后，随着溶剂的挥发，成膜物质与其他不挥发组分共同形成均匀连续涂层。溶剂型外墙涂料具有较好的硬度、光泽度、耐水性、耐酸碱性、耐污染性等特点。但由于施工时有大量的易燃有机溶剂挥发出来，易污染环境。同时，漆膜的透气性差，又具有疏水性，如在潮湿基层上施工容易产生气泡，起皮脱落。因此，国内外这类涂料的用量低于乳液型外墙涂料。目前国内外使用较多的溶剂型外墙涂料，主要有丙烯酸酯外墙涂料、聚酯系列外墙涂料。

丙烯酸酯外墙涂料是以热塑丙烯酸酯合成树脂为主要成膜物质，加入溶剂、颜料、填料、助剂等经研磨而成的一种溶剂型涂料。丙烯酸酯外墙涂料的装饰效果良好，使用寿命长，估计可以在10年以上，属于高档涂料，是目前国内外主要使用的外墙装饰涂料品种之一。丙烯酸酯外墙涂料的特点如下：

① 无刺激性气味，耐候性好，不易变色、粉化或脱落。

② 耐碱性好，且对墙面有较好的渗透作用，涂膜坚韧，附着力强。

③ 施工方便，可刷、滚、喷，也可根据工程需要配置成各种颜料。

丙烯酸酯外墙涂料主要用于民用工业高层建筑及高级宾馆的内外装饰。此类涂料在施工时应注意防火、防爆。

09
Chapter

第9章

建筑陶瓷

陶瓷制品是最常用的建筑装饰材料之一。由于陶瓷生产的原材料广泛，工艺易于操作，陶瓷制品装饰性能优良，自古以来就被作为建筑饰面材料使用。陶瓷的生产和应用在我国有着悠久的历史，可追溯到秦代。被誉为世界第八大奇迹的秦始皇陵兵马俑就出土了不少陶车、陶马、陶俑。历史发展到今天，陶瓷除了保留传统的工艺品、日用品功能外，更大量地向建筑领域发展。现代建筑装饰中的陶瓷的制品主要包括陶瓷墙地砖、卫生陶瓷、园林陶瓷、琉璃陶瓷制品等，其中以陶瓷墙地砖的用量最大。由于这类材料具有强度高、美观、耐磨、耐腐蚀、防火、耐久性好、施工方便等优点，而受到国内外生产和用户的重视，成为建筑物外墙、内墙、地面装饰材料的重要组成部分。

9.1 陶瓷的基本知识

9.1.1 陶瓷的概念及分类

9.1.1.1 陶瓷的概念

陶瓷的生产经历了由简单到复杂，由粗糙到精细，由无釉到施釉，由低温到高温的过程。随着生产的发展和技术水平的提高，人们对陶瓷所赋予的含义也在发生着变化。

传统对陶瓷的定义是使用黏土类及其他天然矿物原料经过粉碎加工、成型、煅烧等过程而得到的器皿。而现在生产陶瓷制品的原料除传统材料外，还包括了化工矿物原料等。在美国和日本，陶瓷（Ceramics）是硅酸盐或窑业产品的同义词，它不仅包括了陶瓷和耐火材料，甚至还包括水泥、玻璃和珐琅在内。

9.1.1.2　陶瓷的分类

（1）按用途分　分为工业陶瓷、建筑陶瓷、卫生陶瓷、日用陶瓷、艺术陶瓷五大类。

① 日用陶瓷：如餐具、茶具、缸、坛、盆、罐、盘、碟、碗等。

② 艺术（工艺）陶瓷：如花瓶、雕塑品、园林陶瓷、器皿、陈设品等。

③ 工业陶瓷：指应用于各种工业的陶瓷制品。如供电的瓷瓶、坦克、汽车、火箭里面都有用陶瓷。

④ 建筑陶瓷：如砖瓦，排水管、面砖、外墙砖等。

⑤ 卫生陶瓷：卫生间用的陶瓷洁具，如陶瓷马桶、陶瓷面盆等。

（2）按是否施釉分　分为有釉砖（正面施釉的陶瓷砖）和无釉砖（不施釉的陶瓷砖）。

（3）按结构特点分　分为陶质制品、瓷质制品和炻质制品三大类。

① 陶质制品　陶质制品烧结程度低，为多孔结构，断面粗糙无光，敲击时声音暗哑，通常吸水率大，强度低。根据原料杂质含量的不同，可分为粗陶和精陶两种。粗陶一般以含杂质较多的砂黏土为主要坯料，表面不施釉。建筑上常用的黏土砖、瓦、陶管等均属此类；精陶是以可塑性黏土、高岭土、长石、石英为原料，一般经素烧和釉烧两次烧成，坯体呈白色或象牙色，吸水率9%～12%，最高达17%，建筑上所用的釉面内墙砖和卫生陶瓷等均属此类。

② 瓷质制品　瓷质制品烧结程度高，结构致密，呈半透明状，敲击时声音清脆，几乎不吸水，色洁白，耐酸、耐碱、耐热性能均好。其表面通常施有釉层，瓷质制品按其原料、化学成分与工艺制作不同，又分为粗瓷和细瓷两种。日用餐具、茶具、艺术陈设瓷及电瓷等多为瓷质制品。

③ 炻质制品　介于陶质和瓷质之间的一类制品就是炻器，也称半瓷。其结构致密略低于瓷质，一般吸水率较小，其坯体多数带有颜色且无半透明性。炻器按其坯体的密实程度不同，分为细炻器和粗炻器两种。细炻器较致密，吸水率一般小于2%，多为日用器皿、陈设用品；粗炻器的吸水率较高，通常在4%～8%之间，建筑饰面用的外墙砖、地砖和陶瓷锦砖均属此类（如图9-1所示）。

(a)　　　　　　　　　　(b)　　　　　　　　　　(c)

图9-1　炻质制品

（4）按吸水率分　分为瓷质砖、炻瓷砖、细炻砖、炻质砖、陶质砖五大类。见表9-1。

表9-1　陶瓷砖的吸水率及分类

名称	吸水率	特点，用途
瓷质砖	≤0.5%	高强，高密；用于高级地面，墙面，幕墙
炻瓷砖	0.5%～3%	适用于较高档次的室内外墙，地面
细炻砖	3%～6%	适用于一般档次的室内外墙，地面
炻质砖	6%～10%	适用于一般档次的室内墙，地面
陶质砖	>10%	低档的卫生间墙面，不宜用在室外和地面

9.1.2　陶瓷生产的原料及工艺

陶瓷生产的主要原料有天然黏土、岩石粉和一些无机物料。

陶瓷生产的工艺流程一般都要经过：选料配比，混合加工，成型制作，高温烧制等过程。如果生产带釉面装饰的陶瓷，还需要在素烧之后再施釉，然后回炉烧成釉面陶瓷。

9.2　陶瓷墙地砖

9.2.1　釉面砖

9.2.1.1　釉面砖的种类与特点

釉面砖是用于建筑物内墙面装饰的薄板状精陶制品，又称内墙面砖，表面施釉，制品经烧成后表面平滑、光亮，颜色丰富多彩，图案五彩缤纷，是一种高级内墙装饰材料。

釉面砖正面施釉，背面有凹凸纹，便于粘贴。主要品种有白色釉面砖、彩色釉面砖、印花釉面砖及图案釉面砖等多种（见表9-2）。所施的釉料主要有白色釉、彩色釉、光亮釉、珠光釉、结晶釉等。釉面砖主要用于建筑物室内的厨房、卫生间、餐厅等部位装饰。

表9-2　釉面砖主要品种及特点

种类		代号	特点
白色釉面砖		FJ	色纯白，釉面光亮，简洁大方
彩色釉面砖	有光彩色釉面砖	YG	釉面光亮晶莹，色彩丰富雅致
	无光彩色釉面砖	SHG	釉面半无光，不晃眼，色泽一致柔和
装饰釉面砖	花釉砖	HY	系在同一砖上施以多种彩釉，经高温烧成。色釉相互渗透，花纹千姿百态，装饰效果好
	结晶釉面砖	JJ	晶花辉映，纹理多姿
	斑纹釉面砖	BW	斑纹釉面，丰富生动
	大理石釉面砖	LSH	具有天然大理石花纹，颜色丰富，美观大方

续表

种类		代号	特点
图案砖	白地图案砖	BT	系在白色釉面砖上装饰各种图案，经高温烧成。纹样清晰，色彩明朗，清洁优美
	色地图案砖	YGT DY GT SHG T	系在有光（YG）或无光（SHG）彩色釉面砖上，装饰各种图案，经高温烧成。具有浮雕、缎光、绒毛、彩漆等效果
字画釉面砖			以各种釉面砖拼成各种瓷砖字画，或根据以有画稿烧成釉面砖，组合拼装而成，色彩丰富，光亮美观，永不褪色

9.2.1.2 釉面砖的规格尺寸及质量要求

（1）形状及尺寸　无论单色、彩色或图案砖，内墙釉面砖基本上是由正方形、长方形和特殊位置使用的异形配件砖组成。瓷砖的常用规格有108mm×108mm×5mm、152mm×152mm×5mm、200mm×150mm×5mm等。另外，为配合建筑物内部阴、阳角处的贴面等的要求，还有各种配件异型砖，如阴角砖、阳角砖、压顶砖、腰线砖等。近几年内墙面砖逐渐向大尺寸发展，如350mm×250～350mm、450mm×350～450mm、500mm×350～500mm等，其厚度为30～50mm不等。

（2）质量要求　釉面砖按其外观质量分为优等品、一等品、合格品三个等级。见表9-3。

表9-3　釉面砖表面质量要求

表面缺陷		表面质量要求			说明
		优等品	一等品	合格品	
缺陷名称	缺釉、斑点、裂纹、落脏、粽眼、溶洞、釉缕、釉泡、烟熏、开裂、磕碰、剥边	距砖面1m处目测，可见缺陷不超过5%	距砖面2m处目测，可见缺陷不超过5%	距砖面3m处目测，缺陷不明显	在产品的侧面和背面，不许有妨碍黏结的附着釉及其他影响使用的缺陷存在釉面上人为装饰效果的偏差不算缺陷
最大允许变形	中心弯曲度/%	±0.5	±0.6	+0.6～-0.8	
	翘曲度/%	±0.5	±0.6	±0.7	
	边直度/%	±0.5	±0.6	±0.7	
	直角度/%	±0.6	±0.7	±0.8	
色差		基本一致	不明显	较明显	白度由供需双方商定
背面磕碰		深度＜砖厚1/2	不影响使用		
分层、开裂、釉裂		不得有结构缺陷存在			

9.2.1.3 釉面砖的施工方法

（1）釉面砖镶贴工艺　釉面砖镶贴工艺为：基层处理→抹结合层→弹线分格→选砖、浸砖→镶贴→勾缝、擦缝。

①基层处理。镶贴饰面砖的基层，必须平整且粗糙。用钢丝刷清洗基层的浮浆、残灰和

油污等。太光滑的墙面要打点凿毛。光滑的墙面也可以采用107胶水泥细砂浆做小拉毛墙面，使其表面粗糙，增加对下工序的黏结力。做下一道工序前，提前一天浇水湿润。如有不实、不平或脱壳现象，以及尺寸标高不符，不得进行饰面砖镶贴施工。

② 抹结合层。墙面基层清洗干净后洒水湿润，用1∶3水泥砂浆抹底层，稍收水后再用1∶3水泥砂浆或混合砂浆抹中层灰找平。每层厚度宜5～7mm，按中级抹灰标准检查验收垂直度和平整度。

③ 弹线分格。先用铅垂引出一垂直线，再根据勾股定理划出水平控制线。贴面砖镶贴，只需弹出若干水平和垂直控制线，而不需弹出每块砖的分格线。

④ 选砖、浸砖。为保证镶贴质量，必须在镶贴前按颜色的深浅不同进行挑选归类。除分选面砖外，还必须挑选配件砖，如阴角条、阳角条、压顶等。

瓷砖在镶贴前应在水中充分浸泡，以保证镶贴后不致因吸灰浆中的水分而粘贴不牢或砖面浮滑。一般浸水时间不少于2h，取出阴干备用，阴干时间通常为3～5h。没有浸水的釉面砖吸水率较大，铺贴后会迅速吸收砂浆中水分，影响黏结质量。而浸透无阴干的釉面砖由于表面存有水膜，镶贴时会产生面砖浮滑现象，不仅操作不便，且因水分过多引起面砖与基层分离自坠。阴干的时间以面砖表面有潮湿感，用手按无水迹为准。

⑤ 镶贴。镶贴釉面砖时，先用废瓷砖粘贴在基层上作为标志块（灰饼），间距为1.5m，上、下标志块用靠尺找好垂直，横向标志块拉通线或用靠尺板校正平整度。以标志作为控制釉面砖镶贴的表面平整依据，利于操作时掌握结砂浆的厚度。

镶贴顺序一般是先大面，后阴阳角和凹槽部位，大面镶贴由上而下。按设计和预排，依地（楼）面水平线镶嵌上八字靠尺或直尺，釉面砖的下口坐在靠尺上，作为第一行饰面砖镶贴的依据，并防止釉面砖因自重而向下移动，以确保横平竖直。镶贴时用铲刀在砖背面刮满粘贴砂浆，四边抹出坡口，再准确置于墙面，用铲刀木柄轻击面砖表面，使其落实贴牢，随即将挤出的砂浆刮净。镶贴过程中，随时用靠尺以灰饼为准检查平整度和垂直度。如发现高出标准砖面，应立即压挤面砖；如低于标准砖面，应揭下重贴，严禁从砖侧边挤塞砂浆。接缝宽度应控制在1～1.5mm范围内，并保持宽窄一致。

镶贴完第一行砖后，依次按上述步骤往上镶贴。当贴到最上面一行时，要求上口成一直线。上口如无镶边，应用一面圆的釉面砖，阳角的大面一侧用圆的釉面砖。镶贴釉面砖墙裙、浴盆、水池等上口和阴阳角处，应使用配件砖。踢脚线上口突出墙面宽度一般不大于10mm。

⑥ 勾缝、擦缝：釉面砖镶贴完毕后，自检无空鼓、不平、不直后，用清水将砖的表面擦洗干净，接缝处用白水泥浆勾缝。切不可等砖面上的水泥干后再进行擦洗，这时不仅擦洗困难，而且极易留下污染的痕迹。全部完工后，要根据不同的污染情况，用棉丝、砂纸或稀盐酸处理，并及时用清水冲洗干净。

（2）质量标准和防治

① 质量标准

a.瓷砖的品种、级别、规格、光洁度、颜色、图案必须符合设计要求。

b.瓷砖与基层应黏结牢固，严禁有空鼓、歪斜、缺棱掉角和裂纹等缺陷。

c.突出瓷砖面的管线、插座等四周，瓷砖应套割吻合。

d.瓷砖表面整洁，颜色均匀，缝隙平直。

内墙镶贴瓷砖允许偏差见表9-4。

表9-4 内墙镶贴瓷砖允许偏差

序	项目	允许偏差/mm	检查方法
1	表面平整	2	用2m靠尺板和楔形尺检查
2	立面垂直度	2	用2m托线板检查
3	阴阳角方正	2	用20cm方尺检查
4	接缝高低差	0.5	用直尺检查
5	接缝平整	3	拉5m通线检查
6	上口平直	2	拉5m通线检查

② 通病防治

a.空鼓，脱落

基层处理不当，铺贴前基层未浇水湿润；瓷砖浸泡不够；砂浆过稀，嵌缝不密实；瓷砖质量不合格。

认真清理基层表面，铺砖前基层应浇透水；严格控制水灰比；瓷砖浸泡后阴干。

b.接缝不平直，墙面不平整

基层表面不平整；施工前对瓷砖尺寸和平整度检查把关不严；没有弹线，试排；没有及时调峰和检查。

基层表面一定要平整，垂直；施工中应挑选优质瓷砖，分类堆放；镶贴前应弹线预排；铺贴后立即拨缝，调直拍实。

9.2.2 外墙面砖及地面用瓷砖

陶瓷外墙面砖和地砖都属于炻质材料，虽然它们在外观形状、尺寸及使用部位上都有不同，但由于它们在技术性能上的相似性，使得部分产品可用作墙地通用面砖。因此，通常把外墙面砖和地面砖统称为陶瓷"墙地砖"。墙地砖的生产工艺与釉面内墙砖相似，但它增加了坯体的厚度和强度，降低了吸水率。

9.2.2.1 墙地砖的分类

（1）按配料和制作工艺分 可制成平面、麻面、毛面、磨光面、抛光面、纹点面、压花浮雕表面、防滑面以及丝网印刷、套花、渗花等品种；其中抛光砖的技术日益成熟，市场普及广泛。

（2）按表面装饰分 墙地砖根据表面装饰方法的不同，分为无釉和有釉两种。表面不施釉的称为单色砖；表面施釉的称为彩釉砖。彩釉砖中又可根据釉面装饰的种类和花色的不同进行细分。例如立体彩釉砖、仿花岗岩面砖、斑纹釉砖、结晶釉砖、有光彩色釉砖、仿石光釉面砖、图案砖、花釉砖等。

（3）按使用位置分 陶瓷墙地砖按所使用的位置分为：外墙面砖，地面砖，通用墙地砖，线角砖，梯沿砖（楼梯踏步专用砖）等。

9.2.2.2 墙地砖的规格尺寸及质量要求

（1）规格尺寸 在陶瓷墙地砖中，从正方形到长方形，从100～600mm边长尺寸的产品均有生产。厚度由生产厂商自定，以满足使用强度要求为原则，一般为8～10mm。墙面用砖一般规格较小，地面用砖规格较大。从墙地砖的发展趋势看，地面砖的规模向800mm×800mm及更大尺寸的正方形超大规格面砖方向发展。墙地砖的品种规格见表9-5。

表9-5　墙地砖的品种规格

项目	彩釉砖	釉面砖	瓷质砖	霹雳砖	红地砖
规格尺寸/mm	100×200×7	152×152×5	200×300×8	240×240×16	100×100×10
	200×200×8	100×200×5.5	300×300×9	240×115×16	152×152×10
	200×300×9	150×250×5.5	400×400×9	240×53×16	
	300×300×9	200×200×6	500×500×11		
	400×400×9	200×300×7	600×600×12		
	异型尺寸	异型尺寸	异型尺寸	异型尺寸	异型尺寸

（2）质量要求　外墙镶贴面砖允许偏差见表9-6。

表9-6　外墙镶贴面砖允许偏差

序	项目	允许偏差/mm	检查方法
1	表面平整	2	用2m靠尺板和楔形尺检查
2	立面垂直度	3	用2m托线板检查
3	阴阳角方正	2	用20cm方尺检查
4	接缝高低差	1	用2m靠尺板和楔形尺检查
5	分格条缝平直	3	拉5m线，不足5m的拉通线检查

9.2.2.3　墙地砖的施工方法

（1）外墙面砖的施工方法　基层处理→抹底子灰→弹线，排砖→浸砖→镶贴面砖→擦缝。

① 基层处理

混凝土基层：镶贴饰面的基体表面应具有足够的稳定性和刚度。同时对光滑的基层表面应进行凿毛处理。凿毛深度应为0.5～1.5cm，间距3cm左右。

砖墙基层：墙面清扫干净，提前一天浇水湿润。

② 抹底子灰　先把墙面浇水湿润，然后用1：3水泥砂浆刮一道约6mm厚，紧跟着用同强度等级的灰与所冲的筋抹平，随即用木杠刮平，木抹搓毛，隔天浇水养护。

③ 弹线，排砖　待基层灰六至七成干时，即可按图纸要求进行分段分格弹线，同时亦可进行面层贴标准点的工作，以控制面层出墙尺寸及垂直、平整。排砖：根据大样图及墙面尺寸进行横竖向排砖，以保证面砖缝隙均匀，符合设计图纸要求，注意大墙面、通天柱子和垛子要排整砖，以及在同一墙面上的横竖排列，均不得有一行以上的非整砖。非整砖行应排在次要部位，如窗间墙或阴角处等。但亦要注意一致和对称。如遇有突出的卡件，应用整砖套割吻合，不得用非整砖随意拼凑镶贴。

④ 浸砖　外墙面砖镶贴前，首先要将面砖清扫干净，放入净水中浸泡2h以上，取出待表面晾干或擦干净后方可使用。

⑤ 镶贴面砖　镶贴外墙面砖的顺序是整体自上而下分层分段进行，每段仍应自上而下镶

贴，先贴墙柱、腰线等墙面突出物，然后再贴大片外墙面。

粘贴面砖时，在最下一层砖下皮的位置线先稳好靠尺，以此托住第一皮面砖。在面砖外皮上口拉水平通线，作为镶贴的标准。在面砖背面采用1：2水泥砂浆镶贴，砂浆厚度为6～10mm，贴上后用灰铲柄轻轻敲打，使之附线，再用钢片开刀调整竖缝，并用小杠通过标准点调整平面和垂直度。

女儿墙压顶、窗台、腰线等部位平面也要镶贴面砖时，除流水坡度符合设计要求外，应采取预面面砖压立面面砖的做法，预防向内渗水，引起空裂。

⑥ 擦缝　贴完一个墙面或全面墙面并检查合格后进行擦缝。擦缝用1：1水泥砂浆勾缝，先勾水平缝再勾竖缝，勾好后要求凹进面砖外表面2～3mm。若横竖缝为干挤缝，或小于3mm者，应用白水泥配颜料进行擦缝处理。面砖缝子勾完后，用布或棉丝蘸稀盐酸擦洗干净。

（2）地砖的施工方法　基层处理→弹线→浸砖→铺结合层砂浆→试铺→镶铺→勾缝→清洁→养护。

① 基层处理　对地面基体表面进行清理，表面残留的砂浆、尘土和油渍等应用钢丝刷刷洗干净，并用水冲洗地面，不得有空鼓、开裂及起砂等缺陷。

② 弹线　施工前在墙体四周弹出标高控制线，在地面弹出十字线，以控制地砖分隔尺寸。弹线时，以房间中心点为中心，弹出相互垂直的两条定位线。在定位线上按瓷砖尺寸进行分格，如整个房间可排偶数块瓷砖，则中心线就是瓷砖的接缝，如排奇数块，则中心线在瓷砖中心位置上，分格、定位时，应距墙边留出200～300mm作为调整区间。另外应注意，若房间内外的铺地材料不同，其交接线应设在门板下的中间位置。同时，地面铺贴的收边位置不应在门口处，也就是说不要使门口处出现不完整的瓷砖块。地面铺贴的收边位置应安排在不显眼的墙边。

③ 浸砖　釉面砖在铺贴前应在水中充分浸泡，陶瓷无釉砖和陶瓷磨光砖应浇水湿润，以保证铺贴后不致因吸走砂浆中水分而粘贴不牢。浸水后的瓷砖片应阴干备用，阴干的时间视气温和环境温度而定，一般为3～5h，即以饰面砖表面有潮湿感，但手按无水迹为准。

④ 试铺　首先应在图纸设计要求的基础上，对地砖的色彩、纹理、表面平整等进行严格的挑选，然后按照图纸要求预铺。对于预铺中可能出现的尺寸、色彩、纹理误差等进行调整、交换，直至达到最佳效果，按铺贴顺利堆放整齐备用。

⑤ 铺贴　铺设选用1：3干硬性水泥砂浆，砂浆厚度25mm左右。铺贴前将地砖背面湿润，需正面干燥为宜。把地砖按照要求放在水泥砂浆上，用橡胶锤轻敲地砖饰面直至密实平整达到要求。

⑥ 勾缝　地砖铺完后24h进行清理勾缝，勾缝前应先将地砖缝隙内杂质擦净，用专用填缝剂勾缝。

⑦ 清理　施工过程中随干随清，完工后（一般宜在24h之后）再用棉纱等物对地砖表面进行清理

9.2.3　陶瓷锦砖和玻璃锦砖

9.2.3.1　陶瓷锦砖

陶瓷锦砖（俗称马赛克，亦称纸皮砖）是以优质瓷土烧制成片状小瓷砖再拼成各种图案

反贴在底纸上的饰面材料。其质地坚硬，经久耐用，耐酸、耐碱、耐磨，不渗水，吸水率小（不大于0.2%），是优良的室内外墙面（或地面）饰面材料。陶瓷锦砖成联供应，每联的尺寸一般为305.5mm×305.5mm。

玻璃锦砖是用玻璃烧制而成的小块贴于纸上而成的饰面材料。有乳白、珠光、蓝、紫、橘黄等多种花色。其特点是质地坚硬，性能稳定，表面光滑，耐大气腐蚀，耐热、耐冻、不龟裂。其背面呈凹形有棱线条，四周有八字形斜角，使其与基层砂浆结合牢固。玻璃锦砖每联的规格为325mm×325mm。

陶瓷锦砖和玻璃锦砖的质量要求为：质地坚硬，边棱整齐，尺寸正确，脱纸时间不得大于40min。

9.2.3.2　陶瓷锦砖的施工方法

（1）施工工艺流程　基层处理→抹底子灰→排砖→弹线→铺贴→揭纸→擦缝。

① 基层处理　剔平墙面凸出的混凝土，对大钢模施工的混凝土墙面应凿毛，使用钢丝刷全面刷一遍，然后浇水润湿。对光滑的混凝土墙面要作"毛化处理"，即先清理尘土、污垢，用10%火碱水刷洗油污，随后清水冲净碱液，晾干。用1：1水泥细砂浆，内掺水重20%的107胶，喷或用扫帚均匀地甩到墙上，终凝后浇水养护。

② 抹底子灰　打底灰一般分两次进行，首先刷一道掺水重10%107胶的水泥素浆，随后抹第一遍掺水泥重20%107胶1：2.5或1：3的水泥砂浆，薄薄抹一层，用抹子压实。第二次用相同配比的砂浆按标筋抹平，用短杆刮平，最后用木抹子搓出麻面。但贴锦砖的底灰平整度要求要严格一些，因为其黏结层比较薄。底子灰抹完后，经终凝浇水养护。

③ 排砖　按照设计图纸要求，根据门窗洞口，横竖装饰线条的布置，首先明确墙角、墙垛、出檐、窗台、分格或界格等节点的细部处理，按照联模竖排砖。

④ 弹线　弹线一般根据锦砖联的尺寸和接缝宽度（与线路宽度同）进行，水平线每联弹一道，垂直线可每2～3联弹一道。垂直线与房屋大角及墙垛中心线保持一致；水平线与门窗脸及窗台等相平行。若要求分格，按大样图规定的留缝宽度弹出分格线，按缝宽备好分隔条。

⑤ 铺贴　先将底灰润湿，在弹好水平线的下口上支好一根垫尺，一般3人为一组进行操作，一人烧水润湿墙面，先刷一道素水泥浆（内掺水重10%的107胶）。再抹2～3mm厚的混合灰黏结层，其配比为纸筋：石灰膏：水泥=1：1：2（先将纸筋与石灰膏搅匀过3mm筛，再和水泥搅匀）。第二人将陶瓷锦砖放在木制托板上，砖面朝上，往缝子里灌1：1水泥细砂灰，用软毛刷刷净砖面，再抹上薄薄一层灰浆。然后，一张一张递给第三人，将四边余灰刮掉，两手执住锦砖上边沿，在已支好的垫尺上，位置准确，对号入座，由下往上铺贴。如需分格，则贴完一组后，将米厘条放在上口线，继续贴第二组。铺贴高度可根据气候条件而定。

另一种铺贴方法是：底灰润湿，抹薄薄一层素水泥浆（也可掺水泥质量7%～10%的107胶）。再抹1：0.3水泥细纸筋灰或用内掺10%107胶的1：1.5水泥细砂浆黏结层，砂子过窗筛。厚度2～3mm，用靠尺刮平，用抹子抹平。同时将陶瓷锦砖铺在木板上，砖面朝上，往砖缝里灌白水泥素浆。如果是彩色锦砖，则灌彩色水泥。缝灌完后，用适当含水量的刷子刷一遍，随后抹上1～2mm厚的素水泥浆或聚合物水泥浆的黏结灰浆。将四边余灰刮掉，紧接着对准横竖弹线，对准对齐，逐张往墙上贴。

在铺贴陶瓷锦砖的过程中，最要紧的是，必须掌握好时间，有人总结出随抹墙面黏结层，随抹锦砖黏结灰浆，随着赶紧往墙面上铺贴的"三随"操作法。"三随"必须紧跟不得怠慢，如果时间掌握不好，等灰浆凝结后再贴，就会导致黏结不牢，而出现脱粒现象。

陶瓷锦砖贴完后，将水拍板紧靠衬纸面层，用小锤敲木板，做到满拍、轻拍、拍实、拍平，使其黏结牢固、严整。

⑥ 揭纸　铺贴30min后，可用长毛刷蘸清水润湿牛皮纸，待纸面完全湿透后（15～30min），自上而下将纸揭下。操作时，手执上方纸边两角，保持与墙面平行的协调一致的动作。不得乱扯乱撕纸面，以免带动陶瓷锦砖颗粒。

揭纸后，认真检查缝隙的大小平直情况，如果缝隙大小不均匀，横竖不平直，必须用钢片开刀拨正调直。拨缝必须在水泥初凝前进行，先调横缝，再调竖缝，达到缝宽一致，横平竖直。然后，用木拍板紧靠面层，用小锤敲木板，拍平、拍实，使拨缝的砖块确保粘贴牢固。

⑦ 擦缝　先用木楔子将近似陶瓷锦砖颜色的擦缝水泥浆抹入缝隙。然后，用刮板将水泥浆往缝子里刮实、刮满、刮严。再用麻丝和擦布将表面擦净。遗留在缝子里的浮砂，可用潮湿而干净的软毛刷，轻轻带出来，如需清洗饰面，应待勾缝材料硬化后进行。起出米厘条的缝子要用1：1水泥砂浆勾严勾平，再用抹布擦净。面层干燥后，表面涂刷一道防水剂，避免起碱，有利于美观。

（2）陶瓷锦砖通病及防治

① 墙面空膨脱落　因基层处理不干净，浇水不透，贴锦砖时刮的素水泥浆与黏结砂浆之间相隔时间太长，黏结砂浆强度太低、失水过快所造成的。

克服办法：粘贴时应做到基层处理干净；各道工序连接紧凑；黏结砂浆不得过厚；不得使用过期的水泥拌砂浆。最好使用425号水泥贴陶瓷锦砖。

② 锦砖错位、接茬明显、表面不平　因基层不平，黏结层过厚（最好不超过1～2mm），黏结灰浆调度过稀，排砖画线有误，锦砖规格不统一所致。

克服办法：施工时要事先设计好锦砖模数，排好砖，画好分格线，挂好水平线。特别是对窗台、柱垛、阴阳角等部位更应算好模数，排好砖。施工时灰浆应刮满锦砖缝隙按照准确位置粘贴。

③ 阴阳角不方正　主要是因抹底灰未按工艺规范去吊直、套方、找规矩所致。

9.2.3.3　玻璃锦砖的施工方法

玻璃锦砖的施工方法与陶瓷锦砖基本相似，但由于其材质的特点，故镶贴时应注意以下问题。

① 玻璃锦砖是半透明的，粘贴砂浆的颜色应与锦砖一致，以防透底。一般浅色玻璃锦砖可用白水泥和80目的石英砂，而深色玻璃锦砖应用同颜色彩色水泥调制水泥浆。

② 玻璃锦砖的晶体毛面易被水泥浆污染而失去光泽，所以擦缝工作只能在缝隙部位仔细刮浆，不可满刮，并应及时擦出光泽。

③ 玻璃锦砖与底纸的粘接强度较差，多次揭开校正易造成掉粒，故镶贴时力求一次就位准确。

④ 因玻璃锦砖吸水率极小，故黏结水泥浆的水灰比应控制在0.32左右，且水泥标号应不低于425号。

⑤ 整个墙面镶贴完毕且黏结层水泥浆终凝后，用清水从上至下淋湿锦砖表面，随即用毛刷蘸10%～20%浓度的稀盐酸冲净表面，全面清洗后，隔日喷水养护。

第10章
新型装饰材料发展现状和趋势

10.1　新型装饰材料发展现状

随着我国经济的快速发展，我国建筑装饰业发展步伐加快，我国建筑装饰业装饰工程总产值每年都高速增长。建筑装饰业已经成为国民经济和社会发展中的新兴行业，建筑装饰业的快速发展也带动了建筑装饰装修材料的消费。建筑装饰材料种类很多，现阶段我国新型装饰材料还不能够满足人们对建筑装饰材料的需求。

新型建筑装饰材料的特点：更新换代快，质轻、高强度，外观新，性能优，无污染、节约能源，保护环境、功能多，科技含量高。

常用新型建筑装饰材料的品种有隐型多彩涂料，铝塑板，圆孔铝板，不锈钢方格板，阳光板，复合地板，钢丝网聚氯乙烯夹心板，人造石，波纹装饰板，有机皱纹板，有机玲珑，装饰波音软片，点支玻璃幕墙不锈钢配构件，烤漆电线管架等。

10.1.1　新型装饰材料主要种类

新型装饰材料品种多，分类方法也很多。若按化学性质可分为有机装饰材料和无机装饰材料两大类。其中无机装饰材料又分为金属装饰材料和非金属装饰材料。但实际使用中常按建筑物的装饰部位对装饰材料分类，新型装饰材料也可分为四类。

（1）地面装饰材料　应具备安全性、耐久性、舒适性、装饰性。常用的地面装饰材料有木地板，石材，陶瓷地砖，陶瓷锦砖，地面涂料，塑料地毯等。

（2）吊顶装饰材料　不同功能的建筑和建筑空间对吊顶材料的要求不一致。吊顶装饰材料有纸面石膏板、纸面石膏装饰吸声板、石膏装饰吸声板、聚氯乙烯塑料天花板等。

（3）内墙装饰材料　它兼顾装饰室内空间、满足使用要求和保护结构等多种功能。常用的内墙装饰材料有内墙涂料类，裱糊类，饰面石材，釉面砖，刷浆类材料，内墙饰面板等。

（4）外墙装饰材料　外墙装饰目的在于提高墙体的抵抗自然界各种因素，并与墙结构一起共同满足保温、隔声、防水、美化等功能要求。常用的外墙装饰材料有外墙涂料类，陶瓷类装饰材料，建筑装饰石材，玻璃制品，金属装饰板材等。

10.1.2　生态化装饰材料的发展现状

大量研究表明，除人类活动影响外，造成室内空气污染的主要因素是通风和建筑材料即装饰装修材料和家具等。而装饰装修材料是一种较大的污染源，长期在这种环境中会对人的健康造成很大影响。而现在生态化环保装饰材料在室内装饰中已被广泛地应用。这些生态环保材料包括：以植物为原料的可以再生环保材料；以无用或废弃资源为原料的生态装饰材料，即以废渣、建筑垃圾、低品位矿物的资源化利用，如废弃玻璃、混凝土、陶瓷的回收利用，粉煤灰、钢渣、城市污泥、垃圾等资源化使用。我国现阶段正在大力发展此类生态化装饰材料，但实际使用率并不高。主要原因是这些生态化材料使用在室内时其环保性能还不能达标，只是作为一个推广项目并确定未来发展方向，其环保性能有待进一步提高。

10.2　新型装饰材料特点

10.2.1　新概念装饰材料成主流的发展特点

随着社会的进步、经济的发展，人们除了在装饰装修材料上注重"绿色"、"环保"与可持续发展之外，对装饰装修材料本身的特性也有了更高的要求，新概念装饰材料已经渐渐成为装饰材料的主流。所谓新概念装饰材料，就是改变原来的冷面孔，在设计开发中更多体现出以人为本的观念，体现出更大的亲和力，将方便、实用和自然、协调统一起来的新理念。墙和地砖材料的更新换代最能体现新型建材的发展情况。新概念装饰材料更能体现其人性化特征，以人的需求和健康为主要标准，使人们有高品质的生活。

10.2.2　新型装饰材料可持续发展特点

可持续发展作为一种观念，已经渗透到各行各业。这种探索也表现在新型装饰材料领域。与此同时，新型装饰材料发展由传统模式向生态模式转变，对装饰材料的评判也从传统的方式向生态可持续发展转变。新型装饰材料的发展还涉及适宜技术的运用，包括高效率、高技术等。依据具体情况，新型装饰材料发展是对多种技术加以综合利用，力求综合社会、经济、环境效益于一身，寻求最适宜的途径。而新型装饰材料向生态环保发展时在注重实用同时，更加注重材料的环保和可持续发展特点。

10.3 新形势下对新型装饰材料的要求

10.3.1 生态环境对未来装饰材料发展的要求

装饰材料业的发展改善了人类生存和居住的环境，但要求人类的活动能维持地球生态平衡。然而，近几十年来全球正面临着越来越严重的环境危机。第一个问题是水资源短缺和水体污染。水资源的短缺，将严重制约我国城市化、城市现代化的建设和西部大开发的进程。水环境的另一个严重问题是水资源的污染。城市污水未经任何处理即排入江河湖泊，加上未处理的城市和工业垃圾对环境的污染。这些问题要求现代装饰材料的生产、使用和新产品的开发，都应该是节水的、不污染水源的、不产生城市垃圾。同时也能在生产和使用装饰材料同时，处理城市垃圾及工业垃圾。

第二个问题是受污染的大气与土地。全球每年流失土壤270亿吨，600万公顷土地沙漠化，全世界四分之一陆地已荒漠化，我国也很严重。此外，农药和化肥的大量使用、工业污染和污水的侵害，使我国可耕地的污染愈来愈严重，不但影响农作物的生长，还污染了农畜产品，对人类健康造成不良影响。大气的污染也很严重，排放大量的有害粉尘、二氧化碳、含氯氟烃类等有机物挥发物。这些问题要求现代建材的生产、使用和新产品的开发，都应该是不用或少用土壤作原料，少排放二氧化碳等温室气体的节能类建材产品，不使用能使臭氧分解的含氯氟烃类的产品。

第三个问题是日益减少的森林。森林是"地球之肺"，它能调节气候，蓄积水源，减少土壤流失，而且还是大量生物的栖息地，是地球生态循环中的重要一环，但目前森林却在不断萎缩。我国是受荒漠化最严重的国家之一，森林减少的最终遭殃者是人类自身。这些问题要求现代建材的生产、使用和新产品的开发，都应该考虑保护各类生态建设工程地区的树林，禁止使用天然林及天然珍贵树种为装饰材料。

10.3.2 高性能建筑物对装饰材料的要求

建筑装饰材料是我国重要的新型产业之一。随着人民生活水平的改善，对居住条件及住宅质量要求的提高，对装饰材料的性能有更高的要求。新型装饰材料的发展，促进人们生活水平的提高，也促进节能环保材料发展和壮大。近年来国内外提出的"节能建筑"、"智能建筑"、"生态建筑"和"住宅产业化"，都需要高性能的建筑装饰材料。高性能建筑装饰材料是改进建筑物功能，提高人们生活水平和改善城市公共环境的方向。也是建材产品发展研究的重点。科学技术迅速发展，新材料尤其纳米技术改性材料、生物工程等方面将有重大突破，这将为高性能建筑材料的发展提供技术基础。随着"节能建筑"要求的提出和要求的不断提高，普通的砖、砌块、玻璃门窗就难以满足。如采用外保温方式，要考虑外保温材料结构长期使用的安全问题和较高的成本。如采用内保温的方式，除减少使用面积外，还应满足有关消防和室内装饰的要求，这些因素都是新材料的基本要求。

10.3.3　发展新型装饰材料是可持续发展战略的要求

新型装饰材料是建材行业的重要组成部分，技术含量高、功能多样化。发展新型装饰材料，大力开发和推广应用新技术、新品种，带动行业整体素质的提高，是从根本上调整建材行业结构、推动产业升级，改善和提高人民居住条件和生活质量，实施可持续发展战略，促进建材和建筑业现代化的重要措施。对于能源和耕地等资源人均占有量只有世界平均水平1/4的我国来说，国民经济和社会与资源、生态环境协调发展显得更为重要和迫切。因此，发展新型建筑材料关系到我国可持续发展战略的实施，同时也关系到新型装饰材料的健康发展。建筑业的进步不仅要求建筑物的质量、功能要完善，而且要求其美观且不损害人体健康等，这就要求发展多功能和环保型的新型装饰材料及制品。使用新型装饰材料及制品，可以显著改善建筑物的功能，增加建筑物的使用面积，提高抗震能力，并使用更多可循环利用资源为原料生产新型装饰材料。这些都是实现新型装饰材料可持续发展战略的要求。

10.4　新型装饰材料发展方向

10.4.1　装饰材料总的发展趋势

现代建材工业的发展日新月异，特别是建筑装饰材料更是品种繁多、门类齐全。从建筑装饰材料本身特性的发展历史来看，呈现如下趋势：从单功能材料向多功能材料、从现场制作向预制品安装、从低级向高级发展的趋势。装饰材料首要功能是具有一定的装饰效果。但现代装饰材料除要达到装饰效果外，还赋予它兼具其他功能。如内墙装饰材料兼具绝热功能，地面装饰材料兼具隔声效果，顶棚装饰材料兼具吸声功能等。至于复合墙体材料，除赋予墙面应有的装饰效果外，常兼具耐风化性、保温绝热性、隔声性等功能。材料性能从单功能向多功能化发展了。建筑装饰材料已经从从前的单功能、湿作业向着多功能、预制品，而且还向着智能化、机械化的方向发展，高科技装饰材料已经在全国蓬勃的发展了起来，装饰材料从低级向高级发展是它发展的总趋势。

10.4.2　近期新型建材发展展望

随着国民经济稳定发展和建筑业需求持续增长，新型装饰材料将继续成为我国"十三五"期间重点发展行业。新型装饰材料的发展将坚持因地制宜的原则，应根据建筑结构体特点适当选择装饰材料的发展方向。生态化环保材料将是主导产品，新型装饰材料发展的重点是室内装饰材料的发展。重点是利用废弃植物和城市废弃物为原料的装饰材料。应大力开发各种绿色墙体材料，研制和生产利用工业废渣替代部分或全部天然资源的墙体材料，推广高掺量废渣、全煤矸石烧结空心砖新工艺。提高生产工艺装备水平与施工装备水平，开发并完善轻质复合墙板成套技术。

装饰装修材料发展的重点也包括节能型塑料门窗、塑料管材管件和高性能外墙涂料。塑料门窗的发展重点是充分发挥现有生产能力，提高产品的整体质量和节能效果，进一步做好推广应用工作。建筑涂料的发展重点是质感丰富、保色性好、耐候、耐污染的中高档外墙涂料，环保型的内墙乳胶漆。新型防水材料重点发展改性沥青油毡，积极发展高分子防水卷材，适当发展防水涂料，努力开发密封材料。防水涂料重点发展聚氨酯、丙烯酸酯水乳型防水涂料和固体含量高的橡胶改性沥青防水涂料。积极发展高分子保温绝热材料，根据建筑节能设计对材料的需求，加强保温材料建筑应用技术和配套技术的研究。

10.4.3　生态环保装饰材料将是长期发展方向

现在建筑主体以混凝土和黏土砖为主，室内的装饰也以陶瓷、涂料、壁纸、木质复合板材等为主，为节约土地，楼层越来越高。现所使用的装饰材料其运输成本高、能耗高，污染高；且装饰材料过于讲究表现效果，这些没有体现其环保要求，对人的健康不利。因此未来将发展生态化环保装饰材料，要求其生产过程和生产原料对环境没有负面影响，且用在室内装修时对人们的身心健康没有任何损害。

10.4.3.1　大力发展可再生资源的利用

可再生资源的利用、不可再生资源的科学利用、并减少利用，是今后发展的主要方向。一些装饰材料的使用带来污染性、放射性、致癌性等危害日益引起人们重视。改善、消除室内环境空气污染的有效途径就是大力发展各种绿色建筑装饰材料及其制品，应重点抓好以下产品的发展。

① 发展低毒、无毒、低污染的建筑涂料。建筑涂料的水性化是21世纪建筑涂料发展的必然方向。

② 发展无毒、无污染、无异味的墙纸、壁布。研究开发对人体健康无毒、无害、无异味、透气性好、装饰功能好的新型壁纸、墙布是时代的要求。

③ 发展抗菌、除臭建筑装饰材料，抗菌卫生陶瓷和釉面砖，抗菌墙面涂料。

10.4.3.2　发展绿色木质人造板材和绿色非木质人造板材

目前我国生产的各种木质人造板材即刨花板、胶合板、纤维板等，所用胶黏剂大多数以甲醛系列为主，如脲醛树脂胶、酚醛树脂胶、三聚氰胺树脂胶等，残留在板材中的游离甲醛释放会直接危及人体健康。因此要大力发展低甲醛含量的绿色环保人造板。

我国是农业大国，农业剩余物资源极其丰富，因此发展利用农业剩余物为原料的环保型人造板是未来主要趋势。

① 发展绿色塑料门窗。绿色塑料门窗以其优良的水密性、隔声性、保温性、耐腐蚀性以及合理的使用寿命和价格比，显示了广阔的发展前景。

② 发展绿色地面装饰材料。绿色地面装饰材料除了具有较好的装饰功能外，还要求具有抗静电、防火、隔声、隔热，特别是防霉、无毒、无污染，有利于人的身心健康等功能。

③ 发展绿色防火材料。积极开发生产各种新型防火材料，特别开发具有高效、低毒、无污染、少烟等特种防火材料，以满足高层建筑防火、高级建筑防火的需要势在必行。

10.5 新型装饰材料发展应采取的措施

10.5.1 新型装饰材料发展对策与建议

确定新型装饰材料及制品开发方向，加大科研开发的力度，提高技术装备水平，结合不同地区、不同建筑类型，以新型生态化装饰材料为重点，瞄准有市场前景的新产品、新技术，在引进、消化、吸收国外先进技术装备的基础上，研究开发适合我国国情的新工艺、新技术和新装备。重点围绕尽可能少用天然资源，降低能耗并大量使用弃物作原料；尽量采用不污染环境的生产技术；尽量做到产品不仅不损害人体健康，而应有利于人体健康。加强产品在工程技术应用的研究，加快新型装饰材料及制品的应用步伐。要加强合作，尽快制定、落实新型装饰材料纳入建筑应用的规程和管理办法，切实解决新型装饰材料发展过程中科研、生产、建筑设计、施工等各个环节的具体问题。修订有关新型建材及制品的生产、施工规范、规程及施工通用图集。

10.5.2 充分利用技术创新发展新型装饰材料

建立生态建材的衡量标准和建立评价体系，应因地而异结合当地的自然资源环境和条件。加强教育引导和政策引导，建立科学的消费理念：提高建材使用者和消费者对发展生态建材的重要作用和意义的认识，推动我国生态环境装饰材料的发展。加强科技创新，利用新技术、新工艺解决材料的环境协调问题；催生新型装饰材料，建立新概念、发展新理论使新型建材问世产生。随着社会经济的发展，装饰材料也在发展变化着，以适应人们的需要。

新型装饰材料具体发展方向应有以下目标。

① 外墙装饰由陶瓷面砖向外墙涂料发展。外墙面砖装饰墙面费用高，施工效率慢，墙体荷重大，而外墙涂料价格较低，色彩丰富，施工方便。

② 内墙装饰材料应以壁纸为发展方向，随着人们环保意识的增强，加上壁纸行业推陈出新，新丝麻、仿纱、仿绸壁纸问世后，受到消费者青睐，市场前景看好。同时环保水性漆、纳米涂料也将成为重要的内墙材料。

③ 室内铺地材料形成陶瓷地砖、地毯、木地板为主的装饰材料。这三种材料各有发展趋向：陶瓷地砖向大规格、多花色、艺术化发展；地毯由单色向多色，由整块向小块拼铺方向发展；木质地板出现原木地板、复合地板和强化木地板竞争形势。

10.5.3 促进新型装饰材料快速健康发展的主要措施

落实产业政策、加快结构调整步伐，严格按照国家颁布的产业政策，加快调整新型装饰材料产业结构，改变行业生产要素分散、资源利用不合理的局面。重点扶持一批创新能力强、经营业绩优、市场占有率高的优势企业，加大淘汰落后工艺、设备和产品的力度。坚持科技创新、大力推进技术进步，建立具有自主知识产权的新型建材主导产品的开发、创新体系。根据国家鼓励发展的新型建材技术、工艺、设备及产品政策导向，加强技术开发和应用示范，组织引进、消化、吸收国外先进技术，研究、开发科技含量高、效果好、节能效果显著、拥有自主知识产权的优质新型建筑材料生产技术与装备。坚持以市场为导向，要加强市场研究，注意市场动态，跟踪市场的变化，预测市场发展，适时研制、开发、发展、生产市场紧俏或急需的新型建材产品，满足市场需求。强化质量意识，建立健全质量保证体系，建立有效的行业质量监督机制和企业质量保证体系，依靠质量创品牌、创效益，制约行业的短期行为和企业不正当行为，维护市场秩序，促进行业的健康发展。

10.6 我国环保装饰材料的发展

10.6.1 无甲醛人造板

目前国内生产的各种人造板所使用的木材胶黏剂基本上是脲醛树脂，脲醛树脂是由甲醛＋尿素聚合而成的，因此甲醛释放量基本上均大于1.5mg/L，甚至远大于5.0mg/L，给家庭装修带来了极大的污染，几个月内无法入住。实际上甲醛缓慢释放持续时间达3～15年，付出的是我们的健康。而无甲醛人造板以天然植物为原料，经特殊合成工艺研制而成的胶黏剂，彻底摒弃了甲醛、尿素合成的脲醛树脂为木材胶黏剂这些对身体造成危害的物质，胶合强度完全达到国家标准，"无甲醛胶"系列产品已达到欧洲E0级标准要求，使用安全，是消费者可以完全信得过的真正的绿色健康产品。

10.6.2 低放射性石材

放射性对人体的危害来自两方面：一是体外辐射（外照射）；另一个是人体内放射性元素所导致的内照射。在通常情况下，我们人类所受到的辐射属低剂量辐射。放射性对人体最大的危害主要是放射性元素在衰变过程中所产生的"氡"，也就是我们所说的内照射。氡是一种放射性元素，且是气体。假如人长期生活在氡浓度过高的环境中，氡经过人的呼吸道沉积在肺部，尤其是支气管及上皮组织内，并大量放出射线，从而危害人体健康。铀矿是氡浓度较高的地区，欧洲早在1937年发现铀矿工肺部的发病率是普通人的28.7。所以要尽量避免使用放射性石材，而使用低放射性的绿色石材。绿色石材就应当从勘查、开采、加工等方面来考虑。

① 勘查。首先要了解区域地质情况，是否有专业的地质队伍进行勘查。首先是普查，通过普查，应把握石材的花色品种、荒料块度、大致开采条件、交通水电、放射性水平等。

② 开采。石材在开采前首先应进行材料的检测与分析及放射性测试，以便为下一步的开采和应用打下基础，提高荒料的出材率也是重要内容之一。

③ 加工。加工过程中所用的设备是否先进也是石材绿色化的内容之一，如大板锯切加工设备，目前国外所用的如框架锯机、多绳式金刚石串珠锯以及装有带型或链型刀锯的石材大板加工设备都可以做到加工尺寸大，效率高，寿命长。

10.6.3 环保涂料

环保涂料早已不是代名词，以乳胶漆为代表的水性涂料就是目前最流行的环保涂料。不过，乳胶漆主要用于墙面的涂饰，对于近年来掀起热潮的家具却不大适用，这就使非环保的溶剂型木器漆成为污染室内空气的主要元凶之一。近年来，一种用于木制家具的水性木器漆应运而生，它以水为介质，无毒无味、无环境污染，而且漆膜平滑光亮，避免了传统木器漆刺鼻气味，完全符合涂料环保化的发展趋势。如今，现代涂料品种繁多，其功能也越来越全面，防水、防火、防潮、防霉、防腐、防碳化，涂料俨然成了家居卫士。含防水配方的乳胶漆一大特点是可洗擦。不过，一般的乳胶漆在经过多次擦洗后，会掉粉。现在，厂家在原有的基础上更加完善和加强了防水这一特性，使乳胶漆的胶膜更硬、漆面更易清洗。一种德国盾牌陶瓷隔热涂料新品，它是由极小的真空陶瓷微球和与其他相适应的环保乳液组成水性涂料，与墙体、金属、木制品等有较强的附着力，直接在基体表面涂抹0.3mm左右，即可达到隔热保温的目的。

防虫防霉涂料主要是在保持涂料装饰性的前提下，添加具有生物毒性的药品制成的涂料。因此，高效优良的且对人体无害的防虫防霉剂是生产优良的防虫防霉涂料的关键。近年来，防虫防霉涂料在国外开始步入市场，深受消费者的欢迎。尤其是在食品工业的建筑工程上有着良好的市场。

10.6.4 无甲醛胶黏剂

通常在板式家具中会用到胶黏剂，现在含甲醛量较少、较环保的胶黏剂有：聚醋酸乙烯酯（PVAc，单组分及双组分）、双组分异氰酸酯胶（EPI）、热熔胶（Hotmelt）、乙烯-醋酸乙烯酯（EVA）类及聚氨酯类（PU）、EVA液体胶（单组分及双组分）以及溶剂型胶。

聚醋酸乙烯酯（PVAc）：这种胶有单组分和双组分两种，按照欧标EN204/205耐水等级可分为D1、D2、D3和D4。其中D1、D2、D3类通常是单组分胶，D4类为单双组分胶。其中D3、D4耐水性、耐热性较高。PVAc胶可在常温或低温条件下胶合（90℃以下），通常用于指接、榫接、贴面、拼板及组装等工艺中。生产中可在压机、指接机、拼接机上使用。

10.7 建筑装饰材料环保化和绿色设计

10.7.1 建筑装饰材料环保化设计方向

材料选择采光、通风、照明、节能、陈设等多方因素的综合整合设计，是环境空间环保化设计的主要体现。在空间的色彩、内涵、品位得以保证的情况下，环保化的设计应具有以下特征：材料均为环保节能的品牌产品；室内保持自然通风，无人为阻挡，多使用昼光，无眩光，同一空间的同种材料使用得到合理控制，无污染叠加现象；装饰设施制作、使用、维修、拆除简便；资源得到节约与再利用，人工环境与周围的生态环境相协调等。

10.7.2 新型建筑装饰环保材料绿色设计的方法

绿色设计一直是我们人类需要解决的最紧迫问题，同时强调设计师的社会及伦理价值，人们应该认真对待有限的地球资源的使用问题，并为保护地球的环境服务，绿色设计也称为生态设计,是在设计阶段就将环境因素和预防污染的措施纳入产品设计过程之中,使优化环境性能作为产品的设计目标和出发点,力求使产品对环境的不利影响降为最低。

绿色设计的核心是"3R",即Reduce、Recycle、Reuse,不仅要减少物质和能源的消耗,减少有害物质的排放,而且要使产品及零部件能够方便地分类回收,并再生循环和重新利用。

绿色设计的主要方法如下。

① 模块化设计。即在一定范围内,不同功能、不同规格的产品在功能分析的基础上,划分并设计出一系列功能模块,通过模块的选择和组合可以构成不同的产品,满足不同的使用需求。模块化设计既可解决产品规格、产品设计制造周期和生产成本之间的矛盾,又可为产品的快速更新换代,提高质量,维护简便,废弃后拆卸,回收以及增强产品的竞争力提供必要条件。

② 循环设计。循环设计也称回收设计,是实现产品回收利用而采取的一种手段,也是对环境造成污染最小的一种设计的思想和方法。即在进行产品设计时,充分考虑产品零部件及材料回收的可能性、回收的价值以及回收处理方法等一系列问题,最终达到零部件及材料资源的有效利用。

10.7.3 新型建筑装饰环保材料的运用

所谓"环保材料",就是对人体健康和环境空间有利无害的各种材料,如具有空气净化、抗菌、防震、电化学效应、红外辐射效应、超声和电场效应等对人类生活有益功能的材料。

室内环境污染的主要因素,主要是建筑装饰材料产生的放射性污染。如运用在建筑中的花岗岩、水泥等材料含"氡"微量元素,会对人体产生一定程度的放射作用,使人有致癌的潜在危险。因此,在居室装修好后,6个月内应保持良好的通风状态,将室内环境的空气污染降到最低。

纳米材料是环保材料的一种,指的是人类按照自己的意志直接操纵单个原子、分子,制造出特定功能的产品。纳米科技以空前的分辨率为我们提示了一个可见的原子、分子世界,这表明人类正越来越向微观世界深入。纳米材料在解决陶瓷材料的脆性问题、提高陶瓷材料的应用价值,制造光学功能材料、制冷材料和各种功能的涂覆材料等方面都具有广阔的前景。

新世纪居室装修选用的材料,不仅要考虑材料的经济性、节能、保湿、吸声、隔音和美观等因素,还要考虑制造和使用能否再循环,是否有利于人的健康,能否降低地球环境的负担,具体体现在空气净化、抗菌、产生负离子等新的环保功能上。

生态环境和一切物质的变化和发展,都处在永不停息的循环过程中。20世纪,生态循环的破坏给人类带来了生存危机,为了消除地球环境的负载,减少生产过程中排放的废弃物成为21世纪必须解决的主题。20世纪70年代以来,德国提倡生态建筑,日本提倡环境住宅,这也将是我国建筑装饰行业所需要实现的目标。

第11章

室内装饰材料综合使用及施工实训项目

11.1   室内装饰材料的综合使用

室内装饰设计是一项系统工程，是对总体设计目标的深化，必须综合考虑和分析各种因素和条件，力求设计最优化、合理的方案，以最大限度地诠释总体设计为最终目的。因此综合使用好室内装饰材料是室内设计和装潢必须考虑的因素。合理利用好室内装饰材料应该注意以下因素。

11.1.1   实用功能

建筑的主要构件由于长期受光线、温度、雨雪、风蚀等自然条件的影响，以及摩擦、撞击等人为外力作用，必然会产生不同程度的老化、腐蚀、风化或损坏；空气中的腐蚀性气体及微生物也会对建筑体产生一定程度的破坏，影响了建筑的使用甚至安全。通过饰面构造施工，如抹灰、贴面、涂漆等方法可以保护建筑内外构件，提高建筑构件的防火、防潮、抗酸碱的能力，避免、降低自然和人为的外力损坏，延长其使用寿命。

11.1.2   改善建筑内外部环境

建筑装饰可以改善建筑内外部环境，提高人们的生活质量。通过表面饰材，使建筑物不易污染，改善室内外卫生条件；通过添加了保温材料的保温抹灰墙面、保温吊顶等可以改善其绝热性能，起到保温、防止热量散失的作用；利用饰面材料的色彩、形态、光泽、肌理、透光率等改善建筑声学、光学等物理性能；利用某些特殊维护结构，达到如防潮、防水、防尘、防腐、防静电、防辐射、隔声降噪等要求，为人们创造一个卫生、健康、舒适的建筑使用空间。

11.1.3 审美功能原则

室内环境艺术设计既是物质产品，又必须按照美的原则进行创造。通过建筑空间的第二次改造，形态、材料、色彩等造型因素的综合运用，营造建筑空间的某种意境，并体现其独特的空间品质特性，以提高建筑的生命意义。将工程技术美和艺术美有机地结合起来，创造出符合人们生理和心理需要的促进身体、心智协调的高品位空间环境。由此可见，建筑装饰结构的审美功能，除了视觉上的审美愉悦，在设计和实施过程中更体现在材料的选择、构造使用的合理与创新。构造巧妙是一种美，坚固耐久是一种美，做工精细是一种美，建筑构造是蕴含其中的心智美的体现，是创造性的美的传达，力求以有限的物质条件创造出无限的精神价值，更是符合设计本质追求的高层次要求。

11.1.4 安全、环保原则

室内装饰构造在室内外的空间运用中，都应保证其在施工阶段和试用阶段的安全性、耐久性、环保性。在设计和实施过程中要充分考虑建筑构件自身的强度、刚度和稳定性；要考虑装饰构件与主体结构的连接安全；要考虑主体结构的安全，并保证装饰构造的耐用，以达到合理的使用年限。在人们更加注重生活品质和质量保证的今天，对室内外材料及构造的选择显得尤为重要，尤其是节约能源、环保减污，及对材料和构造循环利用与可持续发展的要求，成为装饰构造设计面临的新课题和长期发展的方向。

11.1.5 经济性原则

室内装饰工程类型和层次标准千差万别，差距甚大，不同性质、用途的建筑所用的材料不同、构造方案不同，施工工艺不同，对工程的造价影响较大。从造价上看，一般民用建筑装修装饰费用占总建筑投资的30%～40%，高标准的则要占到60%以上。同一建筑物如果采用不同等级的装修标准，其造价也相去甚远。所以，要选择合理的材料构造工艺，把握材料的价格和档次。通常，中低档材料使用较为普遍，昂贵的高档材料多用于重要部位或局部点缀。重要的是在同样造价的情况下，通过巧妙的构造设计达到理想的效果。

11.1.6 系统性的创新原则

室内装饰工程是一个综合性的系统，大致可分为：给排水系统、电气系统、暖气与通风系统、采光与照明系统、装饰装修系统等。创新是设计的生命，在进行装饰装修设计时，要本着系统性的创新原则。利用室内装饰材料的综合设计及使用，使天棚、墙面和地面三大界面有机整合。创造性地解决美观与空间利用、牢固与安全、经济与环保等众多矛盾必须协调统一实际问题，使装饰装修的效果达到最佳。室内装饰不是一成不变的，它随着新材料、新工艺的不断发展而变化，创造性地发现问题、解决问题，将系统的设计理念融入其中是室内设计的重要指导思想。

11.2 项目概念设计与协调要求

室内装饰材料是一门知识性、系统性、实践性很强的课程。本教材在介绍完常有室内装饰材料后，把室内装饰材料分为地面、墙面和顶棚三类装饰材料进行总结，并介绍其施工过程和方式。其常用案例介绍和施工过程作为学生实训项目的素材。并根据要求，学生需要把案例和实训项目中材料装饰构造与施工图绘制完整，施工过程作整体描述并绘制出施工流程图。希望学生能够理论结合实际，将装饰设计融入设计过程中。

当设计经过系统的调查分析，有了明确的设计概念后，与各专业的协调工作将就必须马上进入设计者的思维，并应迅速融入整个系统设计中去。在整个作业的程序中，与各种相关专业的协调多体现于方案图和施工图，这在以表现为主的具体的制图绘制程序中是合理的，但在项目实施程序中及早与各相关专业协调，则对设计概念的实施具有重要意义。也就是说一旦设计概念与构造设备发生矛盾，就必须通过协调解决，其结果无非是三种：构造设备为设计概念让路；设计概念为构造设备让路；在大原则不变的情况下双方做小的修改。因此，项目概念设计与专业协调是一个成功的室内设计必不可少的关键程序。

从室内设计的技术角度出发，方案的最终确定还是要经过一个初步设计的阶段，这就是在甲方确定了方案的基本概念之后，进行的室内空间形象与环境系统整体的设计过程。在这个阶段，设计者主要是通过室内空间的剖面与立体技术分析，来完善设计方案的全部内容。

初步设计阶段经过反复推敲，当设计方案完全确定下来以后，准确无误地实施就主要依靠于施工图阶段的深化设计，装饰构造设计在其中占有重要的作用。施工图设计需要把握的重点主要表现在以下三个方面：

（1）不同材料类型的使用特征　设计者不可能做无米之炊，装修材料如同画家手中的颜料，切实掌握材料特性、规格尺寸、最佳表现方式。

（2）材料连接方式的构造特征　装修界面的艺术与材料构造的连接方式有着必然的联系，可以充分地构造特征表达预想设计意图。

（3）环境系统设备与空间构图的有机结合　环境系统设备，如灯具样式、空调通风、暖气造型、管道走向等。

11.3 室内装饰材料及施工案例分析

11.3.1 室内装饰材料的分类与方案设计

当了解了装饰构造与方案设计、表现与施工的一般关系后，接下来将通过一个居住空间的现场过程性照片，对一些常用构造及新材料的构造，按照施工的一般程序进行详细介绍。建筑装饰施工过程大体可分为：地面装饰工程、墙面装饰工程和顶棚装饰工程。根据这三种分类可将室内装饰材料详细分为以下几种方式（见表11-1）。

表11-1　室内材料分类

室内装饰材料分类	详细说明
罩面类材料	涂刷：在材料表面将液态涂料喷涂固化成膜，常用涂料有油漆、大白浆乳白胶类等。其他类似的覆盖层还有电镀、电化、搪瓷等 抹灰：抹灰砂浆由胶凝材料、细骨料和水拌合而成，常用胶凝材料有水泥、白灰、石膏等；细骨料有沙、细炉沙、石屑、陶瓷碎料等
贴面类材料	铺贴：各种面砖、缸砖、瓷砖等陶瓷制品 胶结：由水泥砂浆做胶结材料，饰面材料呈薄片或卷材状，厚度在5mm以下，如粘贴于墙面的各种壁纸、绸缎等 钉嵌：自重轻、厚度小、面积大的饰面材料，如木制品、石棉板、金属板、石膏板、玻璃等可借助于钉头、压条、嵌条等固定
钩挂类材料	系结：一般指厚度在20～30mm，面积较大的饰面石材或人造石材，在板材背面钉孔，用金属丝穿过钻孔将板材系挂在结构层上的预埋金属件上，板与结构层间一般用水泥砂浆 钩挂：一般指厚度为40～150mm的重型饰面材料，饰面块材上留槽口，用于固定金属，钩在槽内连接，多见于花岗岩、空心砖等饰面

（1）该方案的设计原则

① 本方案是一个三层跃式复合结构，总面积为300m²，空间形式丰富，下沉式客厅，客厅上方为挑空。为充分利用空间，满足住宅的使用功能多样性，对挑空的空间进行封闭，建立隔层增加实际使用面积。

② 在设计选材和施工中，尽量采用构件式构造方式，如天窗、门、楼梯等以批量化生产的产品为主，减少、避免油漆喷涂等污染大的制作方式。

③ 利用现代高科技产品和新的构造方法，如软膜顶棚、硅藻泥墙面产品等，以绿色环保为主要设计思想。

同时要求具有实用功能、艺术效果、安全环保、经济性和系统性等原则。

（2）该项目建筑模型和平面图　如图11-1～图11-4所示。

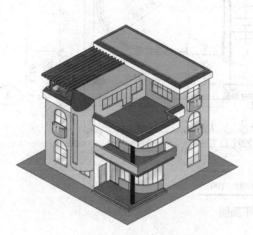

图11-1　建筑模型

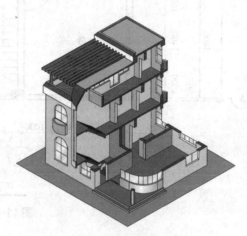

图11-2　建筑剖面图

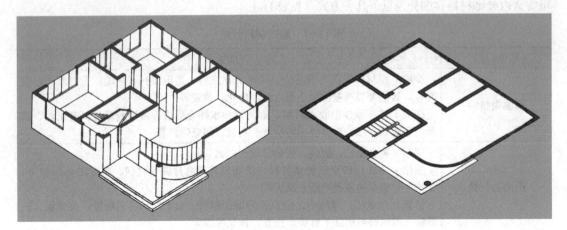

图11-3　横切面图

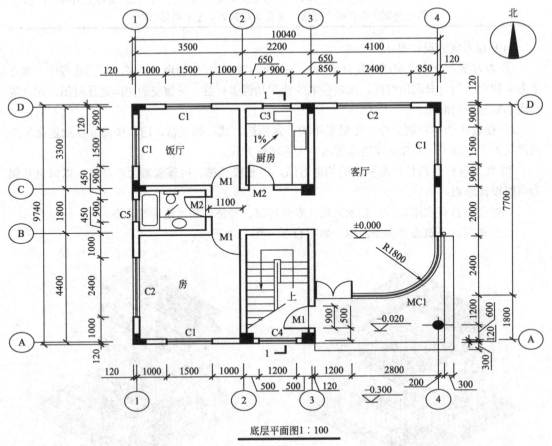

底层平面图1：100

图11-4　平面图

室内装饰材料

（3）项目分类及具体任务书　根据施工的类型，把该工程项目分为三个部分进行施工设计。根据每个项目的具体要求，设计出每个项目的施工方案并做成项目任务书。具体包括：

① 所使用材料种类和数量，并根据市场价格确定出材料费用，用表格列出材料搭配方案。

② 根据每个项目具体情况，设计出其施工流水图和材料的使用情况，使施工过程合理化。

③ 根据项目类别和施工流水图，确定在施工过程中使用工种顺序和用工情况，并提出在施工时的注意事项。

11.3.2　项目一：地面装饰材料的施工

（1）项目介绍　根据所提供户型图，对楼地面所用装饰材料进行施工设计。楼地面是楼层地面和底层地面的总称。楼地面装饰是室内设计的重要组成部分，它通常是指在普通的水泥砂浆、混凝土、砖以及灰土垫层等各种楼地面结构上所加做的饰面层，起着保护楼地面结构、提高空间使用质量和视觉上美观的作用。从功能角度来看，楼地面与日常活动行为、家具陈设、设备等直接发生冲突，更是建筑直接承受荷载的部分，经常受到撞击、摩擦和洗刷等外力。使用频率高于其他装饰界面。从视觉角度上来看，楼地面离人的视距较近。因此，除了满足使用者基本的使用功能外，设计中还应满足视觉、触觉等方面的要求，做到平整、清洁、美观、舒适。

（2）项目基本要求

① 使用功能　具有保护结构层的作用，应有必要的强耐磨损性和耐冲击性。要求楼地面应平整、光洁，便于清扫，对于底层地面和楼层地面，都应该具有防潮、防水的性能。为适应不同的建筑对地面装饰的使用要求，可以分为耐酸地面、防静电地面、防爆地面、防水地面、活动地面等。

② 隔声要求　为避免楼层上下空间的互相干扰，楼板层要具有隔声的功能。建筑隔声包括隔绝空气传声和隔绝撞击声两个方面。常见的做法是利用弹性面层处理和利用楼板层下的吊顶处理增加隔声效果。

③ 吸声要求　为创造室内的声环境，楼地面层有吸声要求，尤其对空间较大、使用人数较多的空间。一般来说，表面致密、刚性较大的楼地面层，如磨光石材、水泥、瓷砖等对声波的反射能力较强，基本上没有吸声能力。要减少地面的过度反射，宜使用吸声能力较强的软介质弹性地面材料，例如化纤地毯。

④ 弹性　楼地面是人体接触面积最大的界面，支撑人体的各种活动，直接影响人的行走舒适感。标准高的建筑装饰应尽可能采用具有一定弹性的材料作为楼地面饰面层，一来可以增加人行走的舒适度，二来可以对吸声减震、隔绝装机传声产生作用，某些专业性较强的建筑场所，如医院宜采用弹性地胶；健身房、舞台、运动馆等地面，则宜采用弹性木地面。

⑤ 装饰施工要求及材料使用分类　楼地面装饰的设计要结合室内空间的划分、家具的陈设、交通流线、建筑的主要特征及因素综合规划。其色彩、功能、材质、美感和纹理，则要与墙面、顶棚装饰统筹考虑，作为一个空间系统进行整体调整，不可孤立设计。不同的材质、图案、色彩的地面装饰，可以起到划分空间区域、引导视觉流程、影响空间风格和氛围等作用。因此，应该综合考虑如空间划分、视觉导向、色彩调和、质感品质、家居饰品、人的活动情况、美感等各方面因素，处理好地面与其他功能界面的关系。其地面装饰材料具体分类方式如表11-2所示。

表11-2　地面装饰分类

分类方法	类型细分
根据材料分类	① 水磨石地面材料；② 陶瓷地面砖；③ 花岗岩地面材料；④ 大理石地面材料；⑤ 地砖材料；⑥ 木质类地面材料；⑦ 橡胶地毡类地面材料；⑧ 地毯类装饰材料
根据构造方法和施工工艺分类	① 整体式地面（如现浇水磨石地面等）；② 块材式地面（如地砖、大理石、花岗岩等地面材料）；③ 软质制品地面材料（如地毯、橡胶地毡等）
根据用途分类	① 防水地面；② 防腐蚀性地面；③ 弹性地面；④ 隔音地面；⑤ 发光地面

（3）地面装饰基本构造和组成

楼地面包括建筑的首层地面和各个楼板层地面。简单地说，二者的区别在于看其下部有无空间，有空间的为楼板层，无空间的为首层地面。再者，首层和楼板层的基层不同，首层地面的基层是地基，楼板层地面的地基是结构层或楼板构件。建筑首层地面、楼板层一般由基层、垫层、面层三部分组成。

① 基层　基层的作用在于承受其上面的全部负荷，因此要求坚固、稳定。首层地面的基层是地基，多为混凝土或夯实土，楼板层的地基一般为现浇或预制钢筋混凝土楼板，这里的基层指的是结构层。

② 垫层　垫层位于基层和面层之间，是承受和传递面层荷载的构造层，并起结合、隔声作用。根据所采用的材料不同，分刚性垫层（不产生塑性变形）和非刚性垫层（如炉渣、矿渣、砂、碎石等）两种。

③ 面层　面层又称表层和铺地，是楼地面的最上层，是满足使用要求的直接接触的表面。它是地面承受物理、化学作用的表面层，一般具有一定的强度、耐久性、舒适性和安全性以及有较好的美观作用。地面装饰构造主要是指面层装饰构造，其名称通常以面层所用材料命名。无论是材质选择还是色彩、图案的确定，都是装饰设计的特点。

（4）楼地面基础装饰工程程序　基础工程是在进行建筑内外表面装饰前，依据方案设计总体要求对建筑空间的二次改造，对水、电、供暖等系统的管线进行预设的施工。

① 面砖的构造与施工。本章节把地、墙面砖统称为面砖。施工程序：处理基层→弹线→瓷砖浸水湿润→摊铺水泥砂浆→安装标准块→铺贴面砖→勾缝→清洁→养护。

② 面砖构造与墙体结构。与水、电等工程密切相关，在进行构造设计和施工前，应考虑其系统关联，如插座、洁具用品的位置，并注意调整给排水的位置和管件保护，及对完成后的饰面层与基层的高度尺寸做到心中有数。

③ 管线改动后的构造。为满足设计标高，要对地面进行回填。

④ 基层处理。卫生间要做防水处理。按规范，卫生间淋浴墙面刷防水层不低于1.8m，地面往上刷到300mm。

⑤ 室外基层处理。将基层凿毛，凿毛深度5～10mm，凿毛痕的间距为30mm左右，之后，清净浮灰、砂浆、油渍。

11.3.3　项目二：墙面装饰材料的施工

（1）项目介绍　根据所提供图纸资料，完成该项目的墙面装饰材料施工设计。墙面装饰工程主要分为建筑内墙饰面和外墙饰面两大部分。墙面是分隔室内外建筑空间的主要建筑构件和侧界面，是建筑装饰主要的立面设计部分。外墙不但兼顾维护功能，有的还是承重构件而承担荷载。墙面在室内外空间中所占比例最大，较低范围内可以被人所接触到，所以要求墙面的视觉效果更细腻，部分部位要耐磨、耐污染及具有良好的触摸感，它更是连接地面和天棚的过渡中介，在交界处的材料选择和构造设计需要认真推敲、处理得当。可以说，墙面装饰对室内空间物理环境和心理环境的营造影响较大，是建筑装饰的主要设计部分。

（2）墙面装饰构造的分类　建筑的墙体饰面类型，按材料和施工方法的不同可分为抹灰类、贴面类、涂刷类、板材类、卷材类、罩面板类、清水墙面类、幕墙类等。墙面装饰的材料种类繁多，做法各异，但从构造技术的角度可以归结为：抹灰类、贴面类、钩挂类、贴板类、裱糊类。每一类构造虽然包含多种饰面材料，但在构造技术上，尤其是基层与找平层处理上有很大相似之处。其具体材料分类方式如表11-3所示。

表11-3　墙面装饰材料分类

分类方法	类型细分
根据材料分类	① 涂料饰面墙面；② 砖类饰面墙面；③ 石类饰面墙面；④ 板材饰面墙面；⑤ 清水饰面墙面等
根据构造方法和施工工艺分类	① 抹灰类饰面墙面；② 贴面类饰面墙面；③ 钩挂类饰面墙面；④ 贴板类饰面墙面；⑤ 裱糊类饰面墙面等

（3）项目要求

① 保护墙体　建筑室内外墙面通过室内装饰构造设计和施工，可以防止风霜雪雨、腐蚀性气体和微生物的侵蚀，达到遮风挡雨、保证安全、防潮防老化等使用功能。墙体饰面构造对墙体进行的保护，在一定程度上可以提高墙体的耐久性和坚固性，延长使用寿命。

② 改善墙体的物理性能　通过墙体饰面材料的贴敷及构造处理，可以对墙体功能方面的不足进行调整，改善和提高墙体的热学、声学、光学性能，从而创造更好的建筑物理环境。例如通过加宽墙体、保温抹灰饰面，能够保温、隔热，达到节能和改善建筑热环境的目的，室内墙面通过不同形态、质感、色彩的饰面材料构造处理，有目的地对声音、光线的反射或吸收进行调解，有利于创造优质的声、光环境。

③ 装饰要求　墙面装饰是建筑室内外环境设计的主要组成，是地面和天棚装饰界面统一和谐的关键中介，是室内的家具、陈设等后期设计的基础。因此，必须以系统性的思想，把墙面和室内内含物进行整体设计，同时注意质感、纹理、图案和色彩对人的生理状况和心理情绪的影响，在创造良好物理环境的基础上满足精神的追求。

（4）墙面装饰材料施工

① 抹灰类墙面装饰施工　抹灰类墙面装饰构造分为内抹灰和外抹灰，内抹灰主要是保护内墙体和改善室内卫生条件、提高光线反射及审美要求，外抹灰主要是保护外墙不受自然侵蚀，提高墙面的防潮、防风化、隔热等能力，抹灰类墙面装饰构造的使用能提高墙身的耐久性，它既是建筑表面装饰的基础也是装饰手段之一。抹灰类墙面因造价低廉、施工简单而得到广泛应用。

② 抹灰类墙面的基本构造组成

抹灰的分层：为使抹灰层与建筑主体表面粘接牢固，防止开裂、起泡和脱落等质量弊病的产生，并使之表面平整，装饰工程中所采用的普通抹灰和高级抹灰均分层操作，即将抹灰饰面分为底层抹灰、中层抹灰和面层抹灰三个层次。

　　a.底层抹灰为粘贴层，其主要作用是确保抹灰与基层牢固结合初步找平。

　　b.中层抹灰为找平层，主要起找平层作用。

　　c.面层抹灰为装饰层，对于抹灰为饰面的施工，不论一般抹灰或装饰抹灰其面层均是通过一定的操作工序，使表面达到一定的效果，起到饰面美化目的。

　　普通抹灰类墙面主要是为满足建筑物的使用功能，对墙面进行的基本的饰面处理。内墙抹灰类饰面的构造层次与外墙抹灰类饰面相同，麻刀灰是在石灰砂浆中掺加纤维物质，使墙面灰浆的拉接力增强，提高抵抗裂缝的能力。面层做法在材料上选择不同，室内表面涂饰一般采用纸筋石灰粉面为材料。纸筋石灰粉是一种气硬性材料，和易性极佳，可以将墙面粉刷得平整细腻。粉刷好的石灰墙面还可以作卷材类和涂料类饰面的基层。表面涂饰的厚度一般控制在1～2mm之间，太厚会产生干裂纹。具体抹灰方式分类如表11-4所示。

表11-4　普通抹灰类装饰材料分类

抹灰名称	构造方法	应用方位
混合砂浆抹灰	底层：水泥：石灰：砂子加麻刀=1：1：3，6mm厚 中层：水泥：石灰：砂子加麻刀=1：1：6，10mm厚 面层：水泥：石灰：砂子=1：0.5：3，8mm厚	一般砖石墙
水泥砂浆抹灰	素水泥浆一道内掺水重3%～5%有机分子乳胶 底层：水泥砂浆（水泥：砂子=1：3） 面层：水泥砂浆（水泥：砂子=1：2.5）	有防潮要求的房间
石膏灰罩面	底层：麻刀灰砂浆（1：3） 面层：厚石膏灰	高级装修的室内抹灰罩面

　　（5）贴面类墙面装饰构造　贴面类墙面装饰是指尺寸、质量不是很大的人造或天然饰面预制块材，用砂浆类材料黏结于强面基层的构造方法。其常见贴面类材料有各种陶瓷预制面砖、超薄形天然石材等。这些材料一般可以说既可以用于外墙面，也可以用于内墙面的装修装饰。贴面类饰面坚固耐用、色泽稳定、易清洗、耐腐蚀、防水、装饰效果丰富，是目前高级建筑装饰中墙面装饰经常用到的饰面。

　　贴面类墙面饰面的基本构造，大体上由底层砂浆、黏结层砂浆和块状贴面材料面层组成。底层砂浆具有使饰面层与墙体基层之间黏附和找平的双重作用，因此在习惯上称为"找平层"；黏结层是与底层形成良好的连接，并将贴面材料黏附在底层上。常用于直接镶贴的材料主要有陶瓷制品（如釉面砖、陶瓷棉砖等）、小块天然大理石、人造大理石、碎拼大理石、玻璃棉砖等。

　　① 面砖饰面　面砖多数是以陶土为原料，压制成型后经1100℃左右高温煅烧而成的。面砖一般用于装饰等级要求较高的工程。面砖可以分为许多不同的类型，按其用途可以分为内墙砖和外墙砖；按其特征有有釉和无釉之分；釉面又可分为有光釉和无光釉的两种表面，砖的表面有平滑的和带有一定纹理质感的。

　　② 面砖饰面方法

　　a.基层处理：先在基层上抹1：3的水泥砂浆作底层，也称找平层。厚度为15mm，分层抹平两遍即可，做到基层表面平整而粗糙。

　　b.粘贴层：因水泥砂浆属于水硬性材料。容易被体面材料吸收水分而影响粘贴强度。可以采用掺107胶作为缓凝剂，但是107胶中含有甲醛等有害物质而不建议被使用。因此粘贴砂浆宜采用1：0.2：2.5的水泥石灰混合砂浆，其厚度约为6～10mm。

11.3.4　项目三：顶棚装饰材料的施工

（1）项目介绍　根据所提供图纸资料，完成该项目顶棚装饰材料的施工设计。顶棚是位于建筑物楼屋盖下表面的装饰构件，又称天花、天棚，是围合建筑空间的顶界面，是建筑装饰工程的重要组成部分。顶棚的构造设计与选择应从建筑功能、建筑声学、建筑热工、管线敷设、防火安全、设备安装、维护检修等多方面综合考虑，在此基础上结合美学因素进行整体设计。

（2）基本使用和装饰功能

① 使用功能　顶棚装修装饰可以保护建筑顶界面的结构层，通过吊顶棚还可以遮掩管线设备，以保证建筑空间的卫生条件和使结构件延年耐久。要考虑室内使用功能对建筑技术的要求。保温隔热，吸声或反射声、音响、防火等技术性能，直接影响室内的环境与使用。通过顶棚的色彩对光、热的反射和吸收创造特定的室内光环境等，改善室内环境。例如剧场的顶棚形式，对造型和技术要进行综合的考虑，材料和构造要满足对吸收或反射声波，调整室内的声强、声分布和混响时间的功能。

② 安全功能　由于顶棚位于室内空间上部，顶棚上要安装灯具、烟感器等设施，顶棚内要安装空调、通风等设备，有时还要满足上人检修要求，所以顶棚的安全、牢固、稳定十分重要。

③ 设备要求　顶棚的设备复杂，顶棚装饰设计要与设备配合，要周密考虑顶棚的风口位置、消防水孔的位置、灯位的摆放、音响设备的设置、防火、监控设施的摆放、通风等诸多具体方面的关系。同时顶棚的装饰可以起到遮蔽设备及管线的功能。

④ 装饰要求　顶棚是除墙面、地面之外，用以围合室内空间的另一个大面。建筑装饰效果要求顶棚的形式、色彩、质地设计，应与建筑室内空间的环境总气氛相协调，形成特定的风格与效果，从空间、光影、材质等诸方面，渲染环境，烘托气氛。室内装饰的风格与效果，与顶棚的造型、构造方法及材料的选用之间有着十分密切的关系。因此，顶棚的装饰处理对室内环境的完整统一、增加空间尺度感等有很大影响。

综上所述，顶棚装饰是技术要求比较复杂、难度较大的装饰工程项目，必须结合建筑内部的结构、装饰效果的要求、经济条件、设备安装情况、技术要求及安全问题等各方面来综合考虑。

（3）顶棚装饰的基本构造

① 直接式顶棚的装饰构造　直接式顶棚是在屋面板、楼板等底面直接进行喷浆、抹灰、粘贴壁纸、粘贴面砖、粘贴或钉接石膏板条与其他板材等装饰面材料。有时把不使用吊杆、直接在楼板地面铺设固定龙骨所做成的顶棚，以及结构顶棚也归于一类，如直接石膏装饰板顶棚。这一类顶棚构造的关键技术是如何保证饰面层与基层牢固可靠地粘贴或钉接。

直接式顶棚一般具有构造简单、构造层厚度小、空间利用率高，采用适当的处理手法可获得多种装饰效果，材料用量少、施工方便、造价较低等特点。适合没有管线设备、设施的位置，以充分利用空间。这一类顶棚通常用于普通建筑及室内建筑高度空间受到限制的场所。抹灰、喷刷、裱糊类直接式顶棚的构造方法：

a.基层处理。基层处理的目的是为了保证饰面的平整和增加抹灰层与基层的黏结力。具体做法是：先在顶棚的基层上刷一遍素水泥浆，然后用混合砂浆打底找平。

b.中间层、面层的做法和构造与墙面装饰技术类同。

② 直接固定装饰板顶棚　这类顶棚与悬吊式顶棚的区别是不使用吊杆，直接在结构楼板底面铺设固定龙骨。直接式装饰板顶棚一般多采用木方做龙骨，间距根据面板厚度和规格确定。为了保证龙骨的平整度，应根据房间宽度，将龙骨层的厚度（龙骨到楼板的间距）控制在55 ～ 65mm。龙骨与楼板之间的间距可采用垫木填嵌。龙骨的固定方法一般采用胀管螺栓或射钉。具体施工方法分类如表11-5所示。

表11-5　龙骨固定方法分类

分类方法	类型细分
根据外观的不同分类	① 平滑式顶棚；② 井格式顶棚；③ 悬浮式顶棚；④ 分层式顶棚等
根据施工工艺分类	① 抹灰刷浆类顶棚；② 贴面类顶棚；③ 装配式板材顶棚；④ 裱糊类顶棚；⑤ 喷刷类顶棚等
根据表面与基层的关系分类	① 直接式顶棚；② 悬吊式顶棚等
根据构造方法分类	① 无筋类顶棚；② 有筋类顶棚
根据显露状况分类	① 开敞式顶棚；② 隐蔽式顶棚
根据表面材料的分类	① 木质顶棚；② 石膏板顶棚；③ 金属板顶棚；④ 玻璃镜面顶棚；⑤ 装饰板材顶棚等
根据承受荷载能力分类	① 上人顶棚；② 不上人顶棚

参考文献

[1] 郭谦. 室内装饰材料与施工 [M]. 北京：中国水利水电出版社，2006.

[2] 向才旺. 建筑装饰材料 [M]. 北京：中国建筑工业出版社，2004.

[3] 刘锋. 室内装饰施工工艺 [M]. 上海：上海科学技术出版社，2004.

[4] 张洋. 装饰装修材料 [M]. 北京：中国建材工业出版社，2006.

[5] 王向阳，林辉，梁郡. 建筑装饰材料 [M]. 沈阳：辽宁美术出版社，2006.

[6] 沈渝德. 室内环境与装饰 [M]. 重庆：西南师范大学出版社，2002：23-25.

[7] 李洁. 浅谈建筑装饰 [J]. 工业建筑，1998，28（9）：58-59.

[8] 汪维，朱永骅. 环保型装饰装修材料的应用及其发展前景 [J]. 化工建材，2002，22（2）：6-9.

[9] 侯君伟. 当代我国建筑装饰的发展 [J]. 建筑技术，2002，33（9）：648-650.

[10] 刘书芳，郭金敏，李合章. 我国建筑材料的发展趋势 [J]. 资源节约的综合利用，2000，（1）：51-53.

[11] 庄林. 新概念装饰材料渐成主流 [J]. 建材工业信息，2003，（4）：22.

[12] 罗乃国. 当前住宅设计应适应发展需要的浅议 [J]. 中国科技信息，2005，（12）.

[13] 曾正明. 建筑装饰材料速查手册 [M]. 北京：机械工业出版社，2009.